Veröffentlichungen aus der

Geomedizinischen Forschungsstelle
(Leiter: Professor Dr. Dr. h. c. mult. G. Schettler)
der Heidelberger Akademie der Wissenschaften

Supplement zu den Sitzungsberichten der
Mathematisch-naturwissenschaftlichen Klasse
Jahrgang 1990

R. Bernhardt   Z. Feng   J. Siegrist
P. Cremer   Y. Deng   G. Dai   G. Schettler

Die Wuhan-Studie

Eine prospektive Vergleichsstudie über Risikofaktoren
und Häufigkeit der koronaren Herzerkrankung
bei 40- bis 60jährigen chinesischen und deutschen Arbeitern

Mit 12 Abbildungen und 52 Tabellen

Springer-Verlag Berlin Heidelberg New York
London Paris Tokyo Hong Kong

Dr. Ralph Bernhardt
Geomedizinische Forschungsstelle
der Heidelberger Akademie der Wissenschaften
Karlstraße 4, 6900 Heidelberg, FRG

Prof. Dr. Zongchen Feng
Department of Biochemistry, Tongji University, Medical School
Wuhan, VR China

Prof. Dr. Johannes Siegrist
Fachbereich Humanmedizin und Klinikum
Institut für Medizinische Soziologie
Klinikum der Philipps-Universität Marburg
Bunsenstraße 2, 3550 Marburg, FRG

Dr. Peter Cremer
Institut für Klinische Chemie
Ludwigs-Maximilian-Universität, Klinikum Großhadern
Marchioninistraße 15, 8000 München, FRG

Prof. Dr. Yaozu Deng
Department of Biochemistry, Tongji University, Medical School
Wuhan, VR China

Prof. Dr. Guizhu Dai
Department of Cardiology, Tongji University, 1st Hospital
Wuhan, VR China

Prof. Dr. Dr. h. c. mult. Gotthard Schettler
Geomedizinische Forschungsstelle
der Heidelberger Akademie der Wissenschaften
Karlstraße 4, 6900 Heidelberg, FRG

ISBN-13:978-3-540-52220-1   e-ISBN-13:978-3-642-84114-9
DOI: 10.1007/978-3-642-84114-9

Danksagung

Die vorliegende Studie wurde auf der Grundlage des Partnerschaftsvertrages zwischen der Universität Heidelberg und der Tongji Medical University Wuhan durchgeführt. Unser besonderer Dank gilt den Vizerektoren der Tongji Medical University, Professor Dr. Dr. h. c. Qiu Fazu und Professor Dr. Wu Zhongbi, die durch ihre Initiative, stete Hilfsbereitschaft und Gastfreundschaft wesentlich am erfolgreichen Ablauf dieses Vorhabens beteiligt waren.

Die Durchführung der umfangreichen Untersuchungen war nur durch die tatkräftige Unterstützung zahlreicher Mitarbeiter der Tongji Medical University möglich. Hier sind zu nennen aus der kardiologischen Abteilung der I. Medizinischen Klinik die Ärzte Liu Youwen und Wang Xiang. Für die organisatorische Vorbereitung in den einzelnen Fabriken und für die Durchführung der Befragungen danken wir Frau Professor Huo Han-zen und Herrn Shen Lin Xun aus der Abteilung für Arbeitsmedizin und Hygiene. Unser besonderer Dank gilt auch Herrn Ren Ping aus der Abteilung für Biochemie, der die Blutabnahme und die Laboruntersuchungen überwacht hat. Für die Durchführung der Laboruntersuchungen danken wir Herrn Zhen Jin-hua, Herrn Wang Kai-Fu, Frau Zhang Jie und Herrn Wui Ze-lan. Die Erhebung der Ernähungsgewohnheiten wurde sowohl bei der Erst- als auch bei der Folgeuntersuchung von Frau Professor Su Yixian dankenswerterweise durchgeführt.

Für die Überlassung der Serumproben und der Untersuchungsdaten von 543 jungen Erwachsenen aus der Provinz Henan sind wir Herrn Professor Dr. J. Wahrendorf und Frau Dr. J. Chang-Claude aus dem Deutschen Krebsforschungszentrum Heidelberg zu großem Dank verpflichtet.

Für die ausgezeichnete Zusammenarbeit und Beratung auf dem Gebiet der Laboruntersuchungen sowie die Überlassung der Daten des GRIPS-Projektes danken wir Herrn Professor D. Seidel und Herrn Dr. J. Thiery im Klinikum Großhadern der Universität München.

Aus der Abteilung Klinische Sozialmedizin an der Medizinischen Universitätsklinik Heidelberg danken wir Herrn Dipl. math. W. Morgenstern für die statistische Beratung und Herrn J. Guilliard für die Durchführung der Auswertungen am Computer.

An der Heidelberger Akademie der Wissenschaften war uns Frau Yi Gao eine große Hilfe bei der Datenkontrolle. Frau Christine Borrmann danken wir für die Erstellung der Manuskripte und die redaktionelle Arbeit.

Zuletzt möchten wir die Mithilfe von Frau Karin Bernhardt würdigen, die als Ehefrau des Erstautors an beiden Untersuchungen in China über einen Zeitraum von 15 Monaten tatkräftig mitgewirkt hat.

Das diesem Bericht zugrunde liegende Vorhaben wurde mit Mitteln des Bundesministerium für Forschung und Technologie unter dem Förderkennzeichen 0706335 gefördert.

Inhaltsverzeichnis

1 Einleitung

In Deutschland wie auch in anderen westlichen Industrienationen stellen Herz-Kreislauferkrankungen mit Abstand die häufigste Todesursache dar. Ihr Anteil beträgt etwa 50% aller Todesursachen, davon entfällt etwa ein Drittel auf Koronare Herzkrankheiten und Herzinfarkt [58].

Nach Angaben des Statistischen Bundesamtes kam es im Jahr 1987 allein in der Bundesrepublik zu ca. 137000 Todesfällen durch ischämische Herzkrankheiten, dies entspricht einer Mortalitätsrate von 224 pro 100000 Einwohner. In der gleichen Größenordnung liegt die Zahl der zusätzlichen nichttödlichen Herzinfarkte, die in vielen Fällen zur frühzeitigen Invalidisierung führen.

Die Prävalenz obstruktiver Koronarerkrankungen in der klinisch unauffälligen, d. h. symptomfreien Bevölkerung, wird auf 4−7% geschätzt [16], so daß in Deutschland ca. 3 Millionen Einwohner vom Eintritt eines symptomatischen oder auch stummen Herzinfarktes bedroht sind.

Die durch Mortalität und Morbidität an ischämischen Herzkrankheiten verursachten Gesamtkosten wurden für das Jahr 1980 auf 7,5 Milliarden DM geschätzt [14].

In den afrikanischen und asiatischen Entwicklungsländern, aber auch in Japan ereignen sich ischämische Herzerkrankungen wesentlich seltener [46, 61]. Schon 1941 beobachtete Snapper, daß auch in China Herzinfarkte seltene Ereignisse sind [55]. 1973−1975 wurde die chinesische Mortalitätsrate an „Arteriosklerotischer Herzkrankheit" mit 18,9 pro 100000 Einwohnern entsprechend 2,5% aller Todesursachen angegeben [34].

Seit 1984 ist China in einer internationalen prospektiven Studie der Weltgesundheitsorganisation beteiligt (Sino-MONICA-Beijing Study), in der Trends der Mortalität und Morbidität von kardiovaskulären Erkrankungen ermittelt werden. Nach ersten Ergebnissen aus den Jahren 1983−1985 lag die Sterblichkeit an koronarer Herzerkrankung in der Altersgruppe von 25−74 Jahren zwischen 49 und 71 für Männer bzw. 24 und 41 für Frauen jeweils pro Jahr und 100000 Einwohner [66]. Dies entspricht einem Anteil an allen Todesursachen von etwa 11% bei Männern bzw. 8% bei Frauen.

Eine chinesische Studie an Autopsie-Material aus den Jahren 1979−1982 ergab eine Prävalenz von 9,4% für Koronarstenosen [1], wobei im Vergleich zur Zeit vor 1949 ein Häufigkeitsanstieg beobachtet wurde.

Die niedrige Mortalität an ischämischen Herzerkrankungen dürfte ein wesentlicher Grund dafür sein, daß schon 1978 die mittlere Lebenserwartung in chinesi-

Tabelle 1. Mittlere Lebenserwartung eines Neugeborenen

		Männer	Frauen
China 1978 (56)			
	Städte	69.4	73.2
	Land	66.7	69.2
	Gesamt	67.0	70.0
BRD 1979/81 (57)		69.9	76.6
USA 1980 (57)		70.0	77.6
Japan 1980 (57)		73.3	78.8

schen Städten ähnlich hoch wie in industrialisierten Ländern lag (Tabelle 1), obwohl damals noch Infektionskrankheiten wie Hepatitis, Tuberkulose und rheumatische bzw. bakterielle Endocarditis für einen beträchtlichen Teil der Todesfälle in China verantwortlich waren. Aus Shanghai wurde berichtet, daß dort rheumatische Herzerkrankungen trotz fallender Tendenz mit etwa 30% noch immer den größten Teil aller Herzkrankheiten bei Krankenhauspatienten ausmachen [10].

Die geringere Lebenserwartung in ländlichen Regionen ist zum großen Teil durch das zusätzliche Auftreten von Tropenerkrankungen wie Malaria und Bilharziose sowie durch die weniger intensive medizinische Versorgung bedingt.

Zahlreiche epidemiologische Untersuchungen haben gezeigt, daß für die Entwicklung der Arteriosklerose bestimmte Risikofaktoren bedeutsam sind [45]. Dies sind für die koronare Herzkrankheit und den Herzinfarkt in der Reihenfolge ihrer Bedeutung:

1. Hyper- und Dyslipoproteinämien,
2. Zigarettenrauchen,
3. Bluthochdruck,
4. Diabetes mellitus,
5. Hyperuricämie,
6. Übergewicht.

Oft treten mehrere dieser Faktoren kombiniert auf und haben dann eine überproportionale Steigerung des Herzinfarkt-Risikos zur Folge (Abb. 1).

Bei den Hyper- und Dyslipoproteinämien ist die Erhöhung des Serum-Cholesterinspiegels ein besonders aussagekräftiger Risikofaktor. Besonders diejenige Transportform des Cholesterins im Organismus, die als Low Density Lipoprotein (LDL) bezeichnet wird, ist entscheidend für die Entwicklung der Arteriosklerose, wie nicht nur in zahlreichen epidemiologischen, sondern auch in tierexperimentellen und biochemischen Studien nachgewiesen werden konnte [29]. Dagegen zeigt ein hoher High Density Lipoprotein (HDL)-Anteil ein erniedrigtes Risiko an [22] (Abb. 2).

In Bezug auf die Prävention von arteriosklerotischen Erkrankungen ist in erster Linie eine Reduzierung der bekannten Risikofaktoren anzustreben. Es ergibt sich

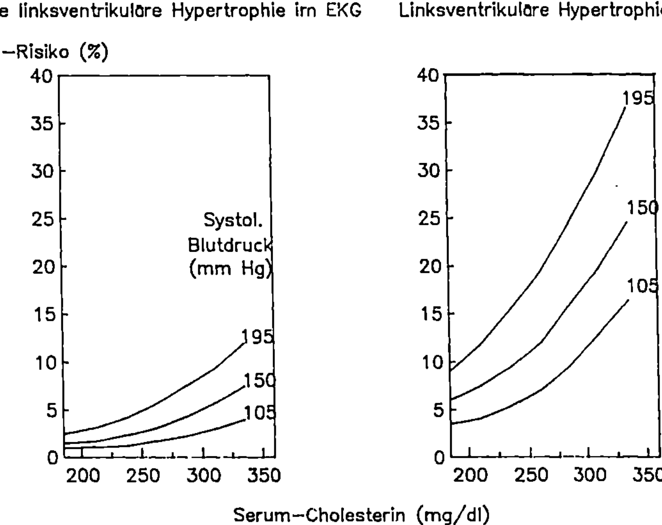

Abb. 1. Risiko der Entwicklung einer koronaren Herzerkrankung innerhalb von 6 Jahren für einen 40jährigen Mann aus der Framingham-Studie (30)

hier einerseits die Möglichkeit der Bevölkerungsstategie, bei der eine Reduktion der Risikofaktorprävalenz in der Gesamtbevölkerung angestrebt wird, und andererseits die der Individualstrategie, wobei Personen mit hohem Risiko identifiziert und gezielt vorbeugend behandelt werden [4, 18]. Es konnte gezeigt werden, daß beide Vorgehensweisen unabhängig voneinander einen positiven Effekt auf die Gesundheitsentwicklung haben.

Gerade bei dem bedeutendsten Risikofaktor, dem Gesamt- bzw. LDL-Cholesterinspiegel, ergibt sich jedoch die Schwierigkeit, die Größe eines anzustrebenden Idealwertes festzulegen, da das Risiko kontinuierlich mit der Höhe dieser Parameter ansteigt [24]. Während als oberer Grenzwert für den Normalbereich des Cholesterinspiegels bisher 260 mg/dl angesehen wurden, konnte in den letzten Jahren eine zunehmende Tendenz beobachtet werden, die Interventionsgrenze auf 250 mg/dl, bei Vorliegen von weiteren Risikofaktoren sogar bis auf 200 mg/dl herabzusetzen [18]. Dieser Gegenstand wird zur Zeit jedoch noch kontrovers diskutiert [62].

In diesem Zusammenhang sind Berichte von Bedeutung, nach denen bei sehr niedrigen Cholesterinspiegeln eine erhöhte Mortalität an Krebserkrankungen beobachtet wurde, so daß zwischen Gesamtmortalität und Cholesterinwert eine U-förmige Beziehung resultieren würde. Eine Übersicht über 27 Longitudinalstudien [19] ergab zwar bei 12 Studien keinen Zusammenhang zwischen Serumcholesterinspiegel und Krebsmortalität, bei den anderen 15 Studien wiesen jedoch Männer mit Cholesterinwerten in der untersten Quintile eine erhöhte Karzinomrate,

Syst. Blutdruck 120 mm Hg   **Syst. Blutdruck 195 mm Hg**

Relatives KHK—Risiko

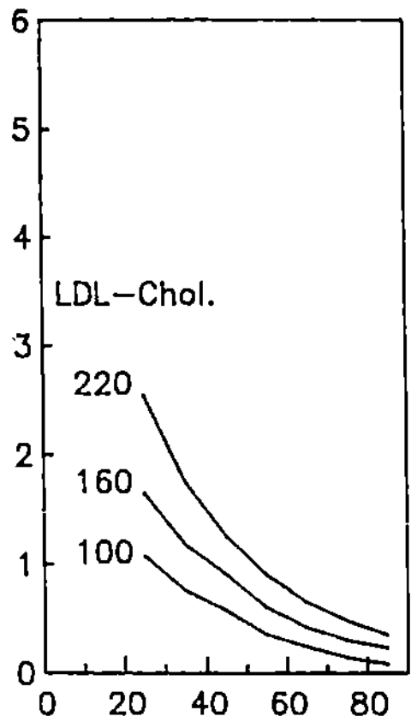

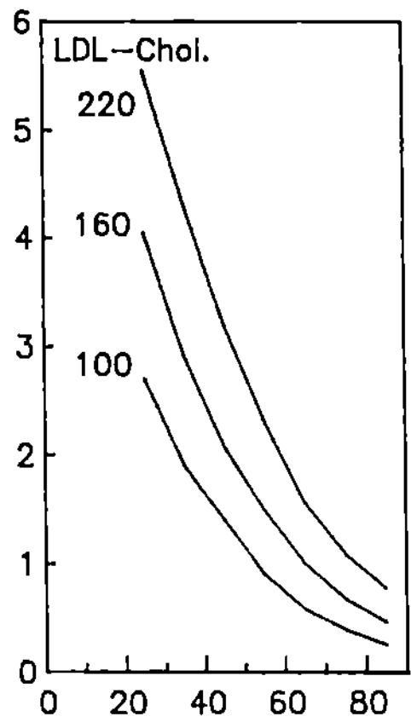

HDL—Cholesterin (mg/dl)

Abb. 2. Relatives KHK-Risiko in Abhängigkeit von HDL- und LDL-Cholesterin sowie systolischem Blutdruck. Daten aus der Framingham-Studie, Männer im Alter von 50—70 Jahren (29)

vor allem bei Lokalisation im Kolon, auf. In der prospektiven Whitehall-Studie an 18000 Männern konnte allerdings gezeigt werden, daß niedrige Cholesterinwerte nur innerhalb der ersten zwei Jahre mit einer erhöhten Krebsrate verbunden waren, für spätere Krebserkrankungen konnte kein Zusammenhang festgestellt werden [40]. Es wurde daraus geschlossen, daß die gemessenen niedrigen Cholesterinspiegel überwiegend die Folge und nicht die Ursache einer bereits bestehenden Krebserkrankung sind. Zwei kürzlich veröffentlichte Studien ergaben sogar erhöhte Raten für Kolon- und Rektumkarzinom [60] bzw. adenomatöse Polypen [37] bei Personen mit hohen Cholesterinspiegeln.

Mehrere Publikationen der letzten Jahre belegen, daß die Serumcholesterinspiegel der Chinesen zu den niedrigsten auf der Welt zählen [32, 67]. Aus der Arbeitsgruppe von W. Schwartzkopff wird über Normalwerte für Lipide und Apoproteine bei gesunden chinesischen Arbeitern unter Berücksichtigung der täglichen Kalorienzufuhr an Fett, Eiweiß und Kohlenhydrate berichtet [48]. Auch hier zeigen sich in der nordchinesischen Stadt Tianjin außerordentlich niedrige Werte für die atherogenen Lipoproteine. Dies wird auf die sehr niedrige Zufuhr von Fetten mit der Nahrung zurückgeführt. Es handelt sich in diesen Fällen allerdings lediglich um einmalige Beschreibungen unterschiedlicher Kollektive, ohne daß bisher durch Nachbeobachtungen ein direkter Zusammenhang mit dem Auftreten von Herzinfarkten oder Krebserkrankungen demonstriert wurde.

Wir haben 1982 eine prospektive Untersuchung an 2045 chinesischen Industriearbeitern begonnen, um objektive Vergleichszahlen über Inzidenz und Mortalität

in erster Linie an ischämischen Herzkrankheiten, aber auch an anderen bedeuten-
den Erkrankungen zu erhalten. Die Wahl der Population und die Methodik der
Datenerhebung wurden an das Göttinger GRIPS-Projekt (Göttinger Risiko-,
Inzidenz- und Prävalenz-Studie) angelehnt, in dessen Verlauf 6029 männliche
deutsche Arbeiter im Alter von 40−59 Jahren untersucht wurden [12, 13].

Die Basisuntersuchung wurde 1982/83 in Wuhan, einer in Zentralchina gelege-
nen Industriestadt, durchgeführt. Eine umfassende Darstellung der Ergebnisse
wurde publiziert [9]. Die 1. Nachuntersuchung des Kollektivs fand nach Ablauf
von 5 Jahren im Jahr 1988 statt.

2 Methoden

2.1 Studiendesign

Im Rahmen der Basisuntersuchung wurde zwischen November 1982 und Juni 1983 der männliche Anteil der Belegschaft von 7 Fabriken, der der Altersgruppe von 40 bis 59 Jahren angehörte, untersucht. Insgesamt nahmen 2045 Personen an der Studie teil, die Teilnehmerrate betrug 76% der Altersgruppe. Anhand eines standardisierten Fragebogens (Anhang 1) wurden die Untersuchten über Eigen- und Familienanamnese, Ernährungs- und Rauchgewohnheiten und körperliche Belastung in Beruf und Freizeit befragt. Durch eine klinische Untersuchung wurden Gewicht, Größe, Blutdruck und EKG-Befund erhoben. Im Nüchternserum wurden die wichtigsten klinisch-chemischen Parameter unter besonderer Berücksichtigung der Lipidfraktionen bestimmt.

Von März bis September 1988 wurde eine erneute Untersuchung der Studienteilnehmer durchgeführt. Der Fragebogen (Anhang 2) wurde ergänzt durch eine Erhebung der sozialen Situation einschließlich des Wandels innerhalb der letzten 5 Jahre sowie der Streßbelastung in der Familie und am Arbeitsplatz. Neben einer erneuten klinischen Untersuchung erfolgte eine klinisch-chemische Bestimmung von Cholesterin, Triglyzeriden, HDL- und LDL-Cholesterin (Präzipitationsmethoden) und Glucose. Falls die Untersuchten anamnestisch über Angina pectoris-Beschwerden klagten, wurde zur Sicherung der Diagnose ein Ruhe- und Belastungs-EKG angefertigt.

2.2 Studienteilnehmer

Von den 2045 Teilnehmern der Basisuntersuchung kamen 1145 (56,0%) zur kompletten Nachuntersuchung, weitere 479 (23,5%) wurden in ihren Wohnungen aufgesucht und einer Kurzbefragung unterzogen. 32 Teilnehmer (1,6%) sind innerhalb von 5 Jahren an bekannten Ursachen verstorben. Insgesamt konnten somit 1656 Teilnehmer (81,0%) nachverfolgt werden. Alle Mortalitäts- und Inzidenzraten wurden lediglich auf diese 1656 Untersuchten bezogen.

Um zu überprüfen, ob sich Teilnehmer und Nichtteilnehmer der Nachuntersuchung in ihren Risikoparametern unterscheiden, wurden die entsprechenden Mittelwerte, Standardabweichungen und Prävalenzen aus den Ergebnissen der Basis-

Tabelle 2. Vergleich von Mittelwerten, Standardabweichung und Prävalenz von Risikofaktoren zwischen Teilnehmern und Nichtteilnehmern der Nachuntersuchung

	Teilnehmer der Folgeuntersuchung einschl. Verstorbener		Nichtteilnehmer der Folgeuntersuchung	
n	1656		389	
	MW	Stdabw.	MW	Stdabw.
Alter	46.5	4.3	47.6	4.5
Chol. (mg/dl)	154.8	27.2	155.5	28.1
LDL-Chol. (mg/dl)	94.3	22.8	95.3	22.7
HDL-Chol. (mg/dl)	49.5	12.1	49.4	11.5
VLDL-Chol. (mg/dl)	11.0	9.0	11.0	8.1
Triglyzeride (mg/dl)	115.1	68.4	117.4	81.1
Broca-Index (%)	89.4	11.1	89.1	10.8
RR syst (mmHg)	120.4	19.0	121.5	19.9
RR diast (mmHg)	77.5	12.4	77.9	12.5
Ratio LDL/HDL-Chol.	2.02	0.73	2.04	0.74
	Prävalenz (%)		Prävalenz (%)	
Familiäre Belastung für Herzinfarkt	0.9		0.0	
Familiäre Belastung für apopl. Insult	23.0		20.1	
Blutdruck >140/90	22.3		22.9	
Glukose > 100	10.0		11.6	
Übergewicht BMI>25	10.5		9.0	
Rauchen $\geq$ 5 Zig.	63.7		68.6	
Alkohol $\geq$1mal/Woche	55.0		53.5	
Sport >1mal/Woche	20.8		19.0	
Cholesterin >200	5.6		7.2	
Triglyzeride >200	7.7		6.9	
LDL-Chol. > 120	13.2		14.6	
VLDL-Chol. > 30	3.5		2.4	
HDL-Chol. < 35	11.8		14.4	
LDL/HDL-Chol.> 3.5	4.5		3.5	

untersuchung einander gegenübergestellt (Tabelle 2). Es zeigte sich, daß mit Ausnahme eines etwas höheren mittleren Lebensalters der Nichtteilnehmer im übrigen keine wesentlichen Unterschiede zwischen den beiden Gruppen bestehen.

2.3 Endpunkte der Studie

2.3.1 Primäre Zielereignisse

In Anlehnung an die deutsche Vergleichsuntersuchung (GRIPS) wurden als primäre Endpunkte der Studie der Eintritt eines gesicherten nichttödlichen Herzinfarktes, eines gesicherten tödlichen Herzinfarktes sowie eines akuten Herztodes bestimmt.

Die Sicherung der Zielereignisse konnte jedoch in China auf Grund der örtlichen Gegebenheiten und auch aus prinzipiellen Erwägungen nicht exakt nach den gleichen Kriterien wie in Deutschland durchgeführt werden. In der GRIPS-Studie erfolgte die Sicherung von Myokardinfarkten anhand von klinischen Symptomen, Enzymverläufen und EKG-Veränderungen im Akutstadium entsprechend den Angaben der Lipid Research Clinics der USA [36]. Die Beurteilung der EKG-Befunde erfolgte nach standardisierten Kriterien anhand des Minnesota-Code. Durch ein ausgefeiltes Meldesystem für Inzidenzverdachtsfälle konnte eine maximale Sensitivität für symptomatische Zielereignisse, insbesondere Myokardinfarkte bei gleichzeitig sehr hoher Spezifität gewährleistet werden.

In China konnte ein vergleichbares Meldesystem nicht aufgebaut werden. Es konnte in der Regel auch nicht auf klinische Untersuchungsbefunde zurückgegriffen werden, da erwartungsgemäß bei einigen Infarktfällen keine klinische Behandlung erfolgt war. Wegen der zu erwartenden vergleichsweise niedrigen Infarktinzidenz in China war jedoch eine maximale Sensitivität der Erfassungsmethode erwünscht, unter Umständen unter Inkaufnahme einer geringeren Spezifität. Aus diesem Grunde wurde bei der Basisuntersuchung bei allen Teilnehmern ein Ruhe-EKG angefertigt, bei der Folgeuntersuchung wurde in allen Fällen, in denen ein Verdacht auf einen stattgefundenen Myokardinfarkt oder das Vorliegen einer koronaren Herzerkrankung bestand, ein erneutes Ruhe-EKG und, falls klinisch vertretbar, auch ein Belastungs-EKG aufgezeichnet.

Die EKG-Befunde wurden anhand des Minnesota-Code klassifiziert [41]. Als eindeutige Infarktzeichen galten die EKG-Phänomene 1-1-1 bis 1-1-7, darüber hinaus auch die Phänomene 1-2-1 bis 1-2-7, falls zusätzlich T-Wellen-Veränderungen (Code 5-1 — 5-3) auftraten. Als fragliche Infarktzeichen im Ruhe-EKG wurden die Phänomene 1-2-1 bis 1-2-7 sowie die Befunde 4-1 bis 4-3, 5-1 bis 5-2 und 7-1 eingestuft.

Im Unterschied zu der deutschen Vergleichsstudie wurden hier also auch stumme Herzinfarkte erfaßt.

Ein Herzinfarkt oder eine koronare Herzerkrankung als Todesursache wären angenommen worden, wenn die betroffenen Teilnehmer wegen dieser Krankheiten stationär aufgenommen worden und während der Klinikbehandlung verstorben wären. Ein solcher Fall trat allerdings in China während des 5jährigen Beobachtungszeitraumes nicht auf. Darüber hinaus wurden Fälle von plötzlichem Herztod als Folge einer koronaren Herzerkrankung gewertet, wenn entweder eine koronare Herzerkrankung klinisch bekannt war oder der Todesfall innerhalb einer Stunde nach einem akuten heftigem Schmerzereignis im retrosternalen Bereich oder in der linken Thoraxhälfte eintrat. Als gesicherter akuter Herztod galten weiterhin unerwartete Todesfälle, bei denen anschließend ein frischer Myokardinfarkt autoptisch gesichert werden konnte. Akute Todesfälle, bei denen die Voraussetzungen für einen gesicherten akuten Herztod nicht erfüllt und bei denen keine andere Todesursache zu ermitteln war, wurden als plötzlicher unerwarteter Todesfall gewertet und als sekundäres Zielereignis eingestuft. Die Kriterien für den plötzlichen Herztod entsprechen weitgehend denen der GRIPS-Studie. Nach den Ergebnissen einer Autopsie-Studie sind ischämische Herzerkrankungen auch in China für den größten Teil der Fälle von plötzlichem Herztod verantwortlich [11].

Eine koronare Herzkrankheit ohne Myokardinfarkt wurde diagnostiziert, wenn im Rahmen der Nachbefragung typische Angina pectoris-Beschwerden geäußert wurden und das daraufhin angefertigte Belastungs-EKG eindeutig positiv ausfiel. Das Vorliegen eines positiven koronarangiographischen Befundes oder eine durchgeführte koronare Bypass-Operation hätten ebenfalls zur Sicherung der Diagnose ausgereicht, solche Fälle wurden jedoch bisher in dem chinesischen Kollektiv nicht beobachtet.

Als positives Belastungs-EKG wurden in Anlehnung an die GRIPS-Studie der Minnesota-Code 11-1 bis 11-4, 12-1 bis 12-4, 13-1 bis 13-4, 14-1 bis 14-4 sowie das gehäufte Auftreten ventrikulärer oder supraventrikulärer Extrasystolen mit einer Häufigkeit von 4 oder mehr Extrasystolen pro 40 Herzaktionen (Code 8-1) gewertet. Auch hierbei wurde auf eine maximale Sensitivität Wert gelegt.

Eine periphere arterielle Verschlußkrankheit wurde diagnostiziert, wenn ein Studienteilnehmer die Standardfragen zur Erfassung der Claudicatio intermittens nach Rose positiv beantwortete und gleichzeitig ein eindeutiger klinischer Befund, z. B. eine negative Pulspalpatation in der betroffenen Extremität vorlag. Bei Fällen mit positiver Beantwortung der Rose-Fragen und fehlendem klinischen Befund wurde eine fragliche periphere arterielle Verschlußkrankheit angenommen.

Die Diagnose eines apoplektischen Insultes erfolgte anhand des klinischen Bildes. Als gesicherter Schlaganfall wurden akute Ereignisse mit rascher Entwicklung klinischer Zeichen fokaler oder globaler zerebraler Funktionsstörungen, die mehr als 24 Stunden oder bis zum Tod des Betroffenen anhielten, angesehen, wenn für dieses Symptombild keine nichtvaskuläre Ursache zu finden war. Als fragliche Schlaganfälle wurden klinische Zustände gewertet, die für eine vaskulär bedingte zerebrale Dysfunktion sprechen konnten, die oben genannten Kriterien aber nicht eindeutig erfüllten.

2.3.2 Sekundäre Zielereignisse

Als sekundäre Zielereignisse wurden alle Todesfälle gewertet, die nicht auf einen gesicherten Myokardinfarkt oder einen gesicherten akuten Herztod zurückzuführen waren. Bei denjenigen Auswertungen, in denen apoplektischer Insult oder koronare Herzerkrankung als primäre Zielkrankheit definiert wurden, wurden auch Myokardinfarkt und akuter Herztod unter die sekundären Zielereignisse eingereiht. Weiterhin wurden alle fraglichen primären Zielereignisse als sekundäres Zielereignis gewertet. Je nach Zielsetzung der Auswertung wurden auch alle nicht als primäre Zielkrankheit eingestuften gesicherten Folgekrankheiten atherosklerotischer Gefäßveränderungen, d. h. die erste Manifestation von Schlaganfällen, peripherer arterieller Verschlußkrankheit und koronarer Herzkrankheit während des Beobachtungszeitraumes als sekundäres Zielereignis eingestuft.

Als Referenzgruppe dienten alle Studienteilnehmer, die bei der Basisuntersuchung keine Folgeerkrankungen der Arteriosklerose aufwiesen und auch während des 5jährigen Beobachtungszeitraumes keine primären oder sekundären Zielereignisse der Studie entwickelten.

Informationen über verstorbene Probanden stammen aus den Unterlagen der betriebsärztlichen Dienste.

2.4 Definition der Subklassifizierungen

1. Positive Familienanamnese: Teilnehmer, bei dessen Eltern oder Geschwistern wenigstens ein Herzinfarkt bzw. ein Schlaganfall bis zum Alter von 60 Jahren auftrat.

2. Hypertonie: Blutdruck bei der Basisuntersuchung über 140 mmHg (systolisch) oder 90 mmHg (diastolisch).

3. Diabetes mellitus: Nüchternblutzucker über 120 mg/dl bei der Basisuntersuchung.

4. Rauchen: Regelmäßig und seit mindestens einem Jahr 5 oder mehr Zigaretten pro Tag zum Zeitpunkt der Basisuntersuchung.

5. Alkoholgenuß: Regelmäßiger Konsum von alkoholischen Getränken mindestens einmal pro Woche.

6. Sportliche Aktivität: Regelmäßige Ausübung einer sportlichen Betätigung mindestens einmal pro Woche.

7. Übergewicht: Body mass index (BMI) über $25 \, kg/m^2$.

2.5 Labormethoden

Die Blutanalyse erfolgte, soweit technisch möglich, mit der in der GRIPS-Studie verwendeten Methodik. Die Blutabnahme erfolgte mindestens 12 Stunden nach der letzten Nahrungsaufnahme durch Venenpunktion. Das Blutserum wurde 60 Minuten nach Abnahme abzentrifugiert und innerhalb der folgenden 36 Stunden untersucht. Ein Teil jeder Probe wurde sofort bei $-70\,°C$ eingefroren und in einer geschlossenen Kühlkette nach Deutschland transportiert, um Vergleichsmessungen und eine Bestimmung der Apolipoproteine durchführen zu können. Zur Stabilisierung der Lipoproteine wurde bei einem Aliquot jeder Probe vor dem Einfrieren Saccharoselösung in einer Endkonzentration von 20% zugesetzt. Zur Bestimmung von Triglyzeriden, Cholesterin, Glucose, Kreatinin, GPT, Alk. Phosphatase, Gamma-GT und Harnsäure wurden handelsübliche Reagenzien der

Fa. Boehringer, Mannheim, verwendet, die Cholesterinmessungen erfolgten enzymatisch nach der CHOD-PAP-Methode [51]. Die Lipoproteinfraktionen wurden mittels quantitativer Lipidelektrophorese [63] mit anschließender Polyanionenpräzipitation und densitometrischer Auswertung der Banden bestimmt (System der Fa. Immuno, Wien). Zusätzlich wurden Präzipitationsmethoden angewandt. Dabei wurde einerseits HDL-Cholesterin nach Präzipitation von LDL und VLDL mittels Phosphowolframat (Fa. Boehringer, Mannheim) bzw. mittels Heparin/MgCl (Fa. Merck, Darmstadt), andererseits LDL-Cholesterin nach selektiver Präzipitation von LDL mittels Heparin in saurem Medium [64] (Fa. Merck, Darmstadt) gemessen.

Da die verschiedenen Methoden weitgehend identische Werte für HDL- und LDL-Cholesterin ergaben, wurden für die Auswertungen nur die Ergebnisse der Lipidelektrophorese verwendet.

2.6 Statistische Methoden

Alle Berechnungen wurden mit Hilfe des Statistical Analysis System (SAS) erstellt [43].

Bei Vergleichen zwischen verschiedenen Untergruppen des chinesischen Kollektivs wurde zum Ausgleich des Alterseffektes eine Kovarianzanalyse durchgeführt, wobei bereinigte Mittelwerte berechnet wurden. Die Randverteilungen der Störvariablen Alter wurden konstant gehalten.

Bei Vergleichen zwischen dem chinesischen Kollektiv und der deutschen Vergleichsgruppe des GRIPS-Projektes wurde die deutsche Altersverteilung in 5-Jahres-Altersgruppen zugrundegelegt. Zur Feststellung der Signifikanz von Mittelwertsunterschieden diente der T-Test nach Student.

Krankheitsinzidenzraten wurden für verschiedene Untergruppen errechnet, die sich durch bestimmte Risikoeigenschaften unterschieden. Dazu wurden altersstandardisierte odds-ratios ermittelt, deren Größe das Risikoverhältnis zwischen Personen mit und ohne die jeweilige Risikoeigenschaft wiedergibt. Zur Berechnung der Signifikanz diente hier der Mantel-Haenszel-Test.

3 Ergebnisse

3.1 Basisuntersuchung

In Tabelle 3 sind die Mittelwerte der erhobenen Risikofaktoren in China und Deutschland [50] gegenübergestellt.

Es bestehen hochsignifikante Unterschiede im Gesamtcholesterinspiegel sowie in den LDL- und VLDL-Fraktionen. Dagegen liegt das protektive HDL-Cholesterin in beiden Ländern etwa gleich hoch, so daß in China ein besonders günstiges Verhältnis LDL zu HDL resultiert. Entsprechend finden sich bei dem Apolipoprotein B, das hauptsächlich im LDL vorkommt, in China deutlich niedrigere Werte, während der Unterschied beim Apolipoprotein A-I, dem Hauptapoprotein des HDL, weniger stark ausgeprägt ist.

Ebenfalls deutlich günstigere Werte liegen in China für die Harnsäure, für den Gewichtsindex und für den Blutdruck vor. Dagegen ist der Risikofaktor Zigaret-

Tabelle 3. Vergleich der Risikoindikatoren zwischen Wuhan und Göttingen

	WUHAN (n=2045)		GRIPS (n=6029)		
	Mittel-wert	Std. abw.	Mittel-wert.	Std. abw.	p-Wert
Chol. (mg/dl)	155	27	217	40	**
LDL-Chol. (mg/dl)	95	23	145	33	**
HDL-Chol. (mg/dl)	49	12	48	12	NS
VLDL-Chol. (mg/dl)	11	9	24	17	***
Harnsäure (mg/dl)	4.7	1.0	6.1	1.1	***
Broca-Index (%)	89	11	107	12	***
RR syst (mmHg)	121	19	132	16	NS
RR diast (mmHg)	78	12	86	9	**
Apo A-I (mg/dl)	107	27	125	32	NS
Apo B (mg/dl)	79	14	121	26	***
Raucher (%)					
1-10 Zig./Tag	20.5		7.7		
11-20 Zig./Tag	39.4		22.9		
>20 Zig./Tag	9.1		9.9		
Gesamt	69.0		40.5		***

NS nicht signifikant; ** p<0,01; *** <0,001.

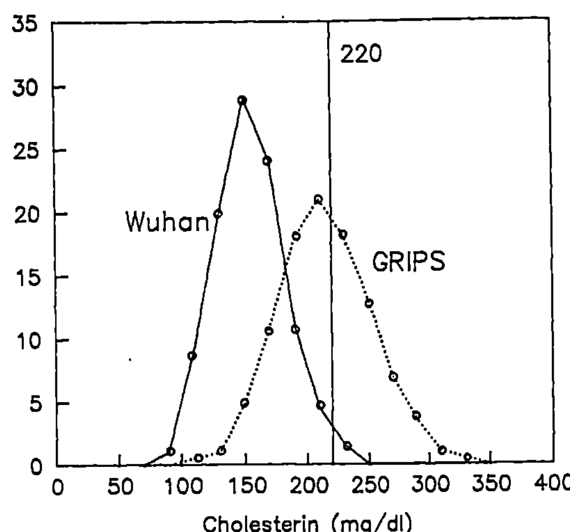

Abb. 3. Häufigkeitsverteilung der Cholesterinwerte bei 40–59jährigen Männern (Wuhan: n = 2045, GRIPS: n = 6029)

tenrauchen in China signifikant häufiger vertreten als in Deutschland. Allerdings liegt der Zigarettenverbrauch der Chinesen überwiegend im unteren und mittleren Bereich. Der Anteil der starken Raucher mit einem Konsum von mehr als 20 Zigaretten pro Tag ist dagegen in Deutschland höher als in China.

Die Verteilung der Cholesterinwerte für das chinesische und das deutsche Kollektiv ist in Abb. 3 dargestellt.

Ein angenommener Cholesteringrenzwert von 220 mg/dl, ein Bereich oberhalb dessen das Risiko einer Koronaren Herzerkrankung stark ansteigt, wird in China nur von 2%, in Deutschland dagegen von 42% der Studienteilnehmer überschritten. Ähnliche Verhältnisse finden sich beim LDL-Cholesterin (Abb. 4).

Tabelle 4 zeigt den Altersverlauf der Risikoparameter in China, wobei mit Ausnahme der Triglyzeride, des VLDL-Cholesterins und der Harnsäure bei allen Parametern ein leichter, aber stetiger Anstieg mit steigendem Alter zu beobachten ist.

Dagegen ist der Anteil der Raucher bei den jüngeren Jahrgängen deutlich höher als bei den Älteren.

Unter den individuellen Lebensgewohnheiten, die einen Einfluß auf die Höhe der kardiovaskulären Risikofaktoren ausüben, sind neben der Art der Ernährung in erster Linie das Ausmaß der körperlichen Betätigung in Beruf und Sport sowie der Nikotin- und Alkoholkonsum von Bedeutung. Tabelle 5 zeigt den Einfluß des Zigarettenkonsums.

Das relative Körpergewicht der Nichtraucher liegt signifikant höher als das der Raucher. Besonders bei den ehemaligen Rauchern scheint eine Kompensation des Verzichtes auf Zigaretten durch höhere Nahrungsaufnahme zu erfolgen. Ähnlich

Relative Häufigkeit (%)

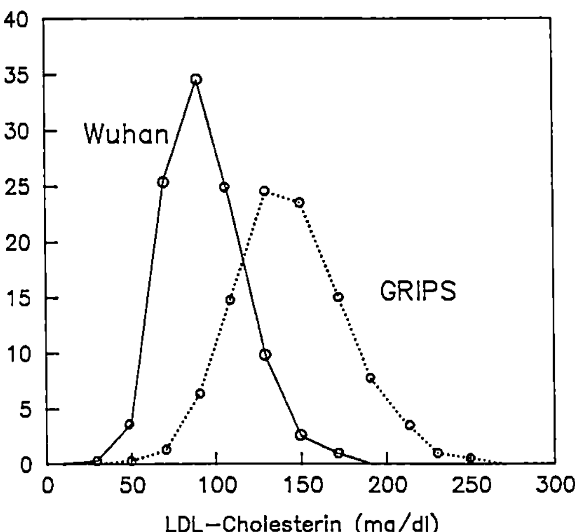

Abb. 4. Häufigkeitsverteilung der LDL-Cholesterinwerte bei 40−59jährigen Männern (Wuhan: n = 2045, GRIPS: n = 6029)

Tabelle 4. Einfluß des Lebensalters (Mittelwerte)

	41-45 Jahre	46-50 Jahre	51-55 Jahre	56-60 Jahre
n	572	822	409	121
Broca-Index (%)	88.2	88.9	90.8	92.6
RR syst. (mmHg)	117	120	124	135
RR diast. (mmHg)	76	77	80	84
Triglyzeride(mg/dl)	113	117	119	112
Cholesterin (mg/dl)	150	157	157	162
HDL-Chol. (mg/dl)	48.1	50.0	49.6	51.7
LDL-Chol. (mg/dl)	91	95.7	96.0	101.0
VLDL-Chol. (mg/dl)	11.1	11.1	11.3	10.0
Harnsäure (mg/dl)	4.7	4.7	4.7	4.9
Glukose (mg/dl)	85	87	87	94
Raucher (%)	73	69	66	58

wie das Körpergewicht verhalten sich hier auch die Blutdruckwerte, sowie die Triglyzerid- und Cholesterinspiegel. Dagegen liegen die HDL-Cholesterinwerte bei Nicht- und Exrauchern niedriger als bei Rauchern. Bei den übrigen untersuchten Parametern ist kein sicherer Einfluß des Zigarettenrauchens nachweisbar.

Die Tatsache, daß chinesische Raucher niedrigere Werte für Gesamt- und LDL-Cholesterin aufweisen als Nichtraucher, steht im Gegensatz zu Untersuchungen

Tabelle 5. Einfluß des Zigarettenkonsums (altersstandardisierte Mittelwerte; p-Werte für Vergleich Nichtraucher/Raucher)

	ehem. Raucher	Nicht- raucher	Raucher 1-10	über 10Zig.	p- Wert
n	151	485	418	991	
Broca-Index (%)	93.2	91.8	90.1	87.1	***
RR syst (mmHg)	123	123	120	119	***
RR diast (mmHg)	80	78	77	77	**
Trigly. (mg/dl)	132	123	113	111	***
Chol. (mg/dl)	160	156	154	154	*
HDL-Chol. (mg/dl)	47.2	48.9	50.2	49.8	*
LDL-Chol. (mg/dl)	99.8	95.0	93.2	94.0	NS
VLDL-Chol.(mg/dl)	12.7	12.4	10.5	10.4	***
Ratio LDL/HDL-Chol.	2.23	2.04	1.96	2.01	*
Harnsäure (mg/dl)	5.0	4.7	4.7	4.7	NS
Glucose (mg/dl)	86	88	86	86	NS

NS nicht signifikant; * p<0,05; ** p<0,01; *** p<0,001.

Tabelle 6. Einfluß des Zigarettenkonsums (für Alter und Broca-Index standardisierte Mittelwerte)

	Nichtraucher	Raucher	p-Wert
n	636	1409	
RR syst (mmHg)	123.4	121.9	(*)
RR diast (mmHg)	78.6	78.2	NS
Trigly. (mg/dl)	117.6	113.6	NS
Chol. (mg/dl)	156.2	155.3	NS
HDL-Chol. (mg/dl)	49.8	49.9	NS
LDL-Chol. (mg/dl)	94.8	95.0	NS
VLDL-Chol.(mg/dl)	11.5	10.5	*
Ratio LDL/HDL-Chol	2.01	2.03	NS
Harnsäure (mg/dl)	4.70	4.73	NS
Glucose (mg/dl)	87.8	87.1	NS

NS nicht signifikant; (*) p<0,1; * p<0,05.

aus Deutschland [5, 49], in denen bei Rauchern relativ hohe Cholesterinspiegel festgestellt wurden.

Ein möglicher Grund für diese Diskrepanz besteht darin, daß in China der finanzielle Spielraum der Privathaushalte äußerst gering ist. Mittel, die zum Erwerb von Zigaretten benötigt werden, müssen daher an anderer Stelle eingespart werden, wobei hier in erster Linie der Konsum von teuren cholesterinhaltigen Nahrungsmitteln (Fleisch, Eier) in Betracht kommt.

Tabelle 7. Einfluß des relativen Körpergewichts (altersstandardisierte Mittelwerte; Korrelationskoeffizienten r nach Pearson)

```
Broca-Index (%)
```

	<80	80-89	90-99	100-109	>110	r	p-Wert
n	389	745	505	300	95		
RR syst (mmHg)	116	119	121	127	129	0.27	***
RR diast (mmHg)	73	76	79	82	85	0.34	***
Trigl. (mg/dl)	93	104	119	148	189	0.38	***
Chol. (mg/dl)	149	152	157	163	168	0.26	***
HDL-Chol. (mg/dl)	54	51	48	45	42	-0.36	***
LDL-Chol. (mg/dl)	87	91	97	103	108	0.32	***
VLDL-Chol.(mg/dl)	8	9	12	15	18	0.34	***
Ratio LDL/HDL	1.7	1.9	2.1	2.4	2.7	0.48	***
Harnsäure (mg/dl)	4.5	4.6	4.8	5.1	5.3	0.28	***
Glucose (mg/dl)	84	86	88	87	89	0.13	***
Herzschmerzen (%)	20	22	26	24	29		

*** $p < 0,001$.

Daß die Unterschiede bei Blutdruck und Laborparametern zwischen Nichtrauchern und Rauchern weitgehend in Zusammenhang mit dem niedrigeren Körpergewicht der Raucher stehen, zeigt ein Vergleich der Mittelwerte nach Standardisierung für Lebensalter und Broca-Index (Tabelle 6). Man erkennt hier, daß mit Ausnahme von schwach signifikanten Unterschieden bei systolischem Blutdruck und VLDL-Cholesterin eine weitgehende Angleichung der Mittelwerte stattgefunden hat. Diese Ergebnisse bestätigen die Annahme, daß der Einfluß des Zigarettenrauchens in dem vorliegenden chinesischen Kollektiv im wesentlichen über eine Senkung des relativen Körpergewichtes auf die übrigen Risikoparameter einwirkt.

Die Höhe des relativen Körpergewichtes (Tabelle 7), hier dargestellt als Broca-Index (Quotient aus Gewicht in kg und Größe in cm minus 100) hat einen besonders starken ungünstigen Einfluß auf alle untersuchten Lipidparameter, aber auch auf den Blutdruck sowie auf Harnsäure und Blutzuckerspiegel. Gleichzeitig klagen die übergewichtigen Probanden im Vergleich zu den Normalgewichtigen in einem wesentlich höheren Prozentsatz über Schmerzen in der Herzregion. Wie sich allerdings später bei der Nachuntersuchung zeigte, ist ein großer Teil dieser Beschwerden nicht kardial bedingt, sondern steht zum Teil in Zusammenhang mit Wirbelsäulenschäden, die bei Übergewichtigen ebenfalls gehäuft auftreten. Ein Teil der kardialen Beschwerden dürfte auch durch den Roemheld-Symptomenkomplex erklärbar sein, dessen Ursache in der Regel in einer Überblähung des Magens und Dickdarms besteht.

Ein deutlicher Einfluß auf die untersuchten Parameter findet sich auch bei der Betrachtung der körperlichen Belastung durch die Berufstätigkeit (Tabelle 8).

Tabelle 8. Einfluß der beruflichen Tätigkeit (altersstandardisierte Mittelwerte, p-Werte für Vergleich zwischen Arbeitern und Kadern/Ärzten)

	Schwere Arbeit	Mittl. Arbeit	Leichte Arbeit	Kader Ärzte	p-Wert
n	328	1178	494	39	
Broca-Index (%)	88.6	89.4	89.5	93.1	**
RR syst (mmHg)	124	120	120	127	*
RR diast (mmHg)	79	77	77	82	*
Trigl. (mg/dl)	104	115	122	150	*
Chol. (mg/dl)	153	154	156	169	***
HDL-Chol. (mg/dl)	50.4	49.5	48.8	47.8	NS
LDL-Chol. (mg/dl)	92.9	93.6	95.9	104.1	***
VLDL-Chol. (mg/dl)	9.3	11.2	11.5	16.7	***
Ratio LDL/HDL	1.96	2.01	2.07	2.28	**
Harnsäure (mg/dl)	4.3	4.8	4.8	4.9	NS
Glucose (mg/dl)	89	86	85	88	NS
Herzschmerzen (%)	20	22	24	29	***

NS nicht signifikant; * p<0,05; ** p<0,01; *** p<0,001.

Obwohl in China Schwerarbeit durch eine erhöhte Nahrungsmittelzuteilung berücksichtigt wird, finden sich doch bei steigender beruflicher Belastung niedrigere Werte für das relative Körpergewicht. Die gleiche Tendenz zeigt sich auch bei den Triglyzeriden, Gesamtcholesterin, LDL- und VLDL-Cholesterin. Da zusätzlich die Schwerarbeiter die höchsten HDL-Cholesterinwerte aufweisen, resultiert in dieser Gruppe das günstigste Risikoprofil in bezug auf die Prävention von Atherosklerose. Dagegen findet sich in der Gruppe der leitenden Angestellten (Kader) und der Ärzte die ungünstigste Risikolage. Die Mitglieder dieser Gruppe üben in der Regel körperlich keine schwere Arbeit aus und haben in vielen Fällen die Möglichkeit, ein Kraftfahrzeug zu benutzen. Gleichzeitig ist hier die Versorgung mit Nahrungsmitteln besser und nicht selten mit einem kalorischen Überangebot verbunden. Als Resultat ergeben sich im Vergleich zu den Arbeitern höhere Werte für Körpergewicht, Blutdruck, Triglyzeride, LDL- und VLDL-Cholesterin, sowie niedrigere HDL-Cholesterinwerte.

Gleichzeitig wird in dieser Gruppe überdurchschnittlich häufig über Beschwerden in der Herzgegend geklagt.

Die Erhebung der Familienanamnese ergab einen relativ hohen Anteil von unbekannten Todesursachen bei den Eltern (Tabelle 9).

In den Fällen mit bekannter Todesursache führt der apoplektische Insult, meist in Verbindung mit arterieller Hypertonie, dagegen spielt der Herzinfarkt als Todesursache statistisch nur eine geringe Rolle.

In Tabelle 10 sind die anamnestisch angegebenen Vorerkrankungen aufgeführt, wobei Mehrfachnennungen möglich waren.

Tabelle 9. Todesursache der Eltern

	Väter		Mütter	
	n	%	n	%
Apoplektischer Insult	211	30.4	187	30.6
Lungenkrankheit (incl.Tbc)	192	26.4	124	20.3
Krebs	126	17.3	135	22.1
Unfall/Kriegsverletzung	108	14.9	58	9.5
Herzinfarkt	22	3.0	21	3.4
Andere Herzkrankheiten	34	4.7	61	10.0
Arterielle Hypertonie	20	2.8	26	4.2
Diabetes mellitus	4	0.6	–	–
Gesamt	727	100	612	100
Unbekannte Todesursachen	938		628	

Tabelle 10. Eigenanamnese früherer oder noch bestehender Krankheiten

	n	%
Chron. Magen-Darmkrankheiten	356	16.6
Hepatitis	329	15.3
Andere Leberkrankheiten	36	1.7
Arterielle Hypertonie	282	13.2
Lungentuberkolose	121	5.6
Andere Lungenkrankheiten	139	6.5
Gelenkbeschwerden	107	5.0
Beinschmerzen beim Laufen	80	3.7
Diagn. periph. Verschlußkrankheiten	7	0.3
Nierenerkrankungen	57	2.7
Schistosomiasis	51	2.4
Hyperthyreose	11	0.5
Apoplektischer Insult	8	0.4
Malaria	4	0.2
Diabetes mellitus	4	0.2
Krebs	3	0.1
"Koronare Herzerkrankung"	36	1.7
Herzinfarkt	7	0.3
Rheumatische Herzklappenfehler	8	0.4
Cor pulmonale	4	0.2
Andere Herzkrankheiten	6	0.3

Mit großem Abstand führen Magen-Darmerkrankungen, Hepatitis und arterielle Hypertonie die Liste an. In einem Teilkollektiv von 807 Studienteilnehmern wurde eine Untersuchung als Hepatitis-B-Surface Antigen (HBs-AG) mittels Radioimmunoassay vorgenommen [21]. Hierbei fielen 167 (20,7%) der Proben eindeutig positiv aus. In nur 20% der positiven Fälle war die Hepatitis anamnestisch bekannt, jedoch wurden auch von 10,2% der HBs-AG negativen Probanden anamnestisch eine Hepatitis angegeben, wobei es sich hier zum Teil auch um Hepatitis A handeln kann.

Diabetes mellitus, periphere arterielle Verschlußkrankheit, Herzinfarkt und koronare Herzerkrankung wurden vergleichsweise selten erwähnt. Es ist anzumerken, daß ein Teil der Patienten mit anamnestisch angegebener koronarer Herzerkrankung bei der Nachuntersuchung ein eindeutig negatives Belastungs-EKG aufwies, so daß die Diagnose mit großer Wahrscheinlichkeit nicht zutreffend war.

3.2 Inzidenz- und Mortalitätsdaten nach 5 Jahren

Tabelle 11 zeigt einen Vergleich der festgestellten Todesursachen zwischen dem chinesischen und dem deutschen Kollektiv innerhalb eines Zeitraums von 5 Jahren nach der Basisuntersuchung.

Zunächst fällt auf, daß die Gesamtmortalität pro Jahr in China mit 386 pro 100000 Teilnehmer deutlich niedriger liegt als in dem deutschen Kollektiv. Dies dürfte zum Teil dadurch bedingt sein, daß die Wiederfindungsrate in China mit 81,0% niedriger lag als in Deutschland (95,2%), so daß möglicherweise einige zusätzliche Todesfälle in China nicht erfaßt werden konnten.

Allerdings ist die Mortalitätsrate nur auf die Zahl der nachuntersuchten Studienteilnehmer bezogen. Als weiterer Grund kommt in Betracht, daß in China die Frühberentung auf Grund von Krankheiten relativ großzügig gehandhabt wird. Dies könnte dazu geführt haben, daß das chinesische Kollektiv bei Studienbeginn in einem vergleichsweise besseren Gesundheitszustand war.

Bei näherer Betrachtung des prozentualen Anteils der unterschiedlichen Todesursachen (Abb. 5) wird jedoch deutlich, daß die niedrigere Mortalitätsrate in China in erster Linie den Bereich Herz-Kreislauferkrankungen, insbesondere den akuten Myocardinfarkt einschließlich der Fälle von plötzlichem Herztod betrifft. Das Risiko für einen tödlichen Herzinfarkt oder plötzlichen Herztod war bei den deutschen Studienteilnehmern um den Faktor 3 gegenüber den Chinesen erhöht, der Unterschied ist signifikant (Tabelle 11). Auch Krebserkrankungen waren in China etwas seltener als in Deutschland vertreten.

Bei Gastrointestinal-, Lungen- und Infektionskrankheiten lag die Mortalität in beiden Ländern dagegen gleich hoch. Todesfälle durch Unfall im Straßenverkehr oder am Arbeitsplatz wurden dagegen in China überdurchschnittlich häufig beobachtet. Eine relativ hohe Mortalitätsrate wurde in China auch für den Schlaganfall registriert, wobei unter dieser Diagnose sowohl arteriosklerotische Hirngefäßerkrankungen als auch Hirnembolien und intrazerebrale Blutungen zusammengefaßt sind, ohne daß eine nähere Differenzierung durch Autopsie durchgeführt werden konnte.

Bei Krebslokalisationen führt in China das Magenkarzinom, gefolgt von primären Leberzellkarzinomen, in der Regel auf dem Boden einer chronischen Hepatitis. Während in dem deutschen Kollektiv kein einziger Fall von Leberkarzimon beobachtet wurde, trat in China kein Fall von Colorektalkarzinom auf, eine Lokalisation, die in Deutschland relativ häufig zu verzeichnen ist. Dieses Resultat steht im Gegensatz zu früheren Beobachtungen [65], nach denen bei niedrigen Serum-

Tabelle 11. Zahl der Todesfälle in 5 Jahren und Mortalitätsrate pro Jahr hochgerechnet auf 100 000 Teilnehmer bei 40–59jährigen deutschen und chinesischen Männern. Die odds ratios zeigen das relativ erhöhte oder erniedrigte Mortalitätsrisiko der deutschen im Vergleich zu den chinesischen Studienteilnehmern an

Todesursache	Wuhan (n=1656)		GRIPS (n=5738)			
	n	Mortali-tätsrate	n	Mortali-tätsrate	odds ratio	p-Wert
Alle Ursachen	32	386	141	492	1.28	NS
Herz-Kreislauferk.	15	181	67	234	1.29	NS
Akuter Myocardinfarkt	–	–	26	91}	3.09	*
Plötzlicher Herztod	3	36	6	21}		
Unkl. plötz. Todesfälle	1	12	9	31		
Hirnschlag	8	97	16	56	0.58	NS
Rechtsherzversagen	2	24	5	17		
Andere Herz-Kreislauf-erkrankungen	1	12	5	17		
Krebs	7	85	40	139	1.65	NS
Bronchialkarzinom	1	12	14	49		
Colorectalkarzinom	–	–	6	21		
Magenkarzinom	3	36	3	11		
Leberkarzinom	1	12	–	–		
Hirntumor	–	–	5	17		
andere Lokalisationen	2	24	12	42		
Gastrointestinal-erkrankungen	3	36	10	35	0.96	NS
Lungenerkrankungen	2	24	7	24	1.01	NS
Infektionskrankheiten (Sepsis)	1	12	5	17	1.45	NS
Andere Krankheiten	–	–	3	11		
Unfälle und Suizide	4	48	9	31	0.65	NS

NS nicht signifikant; * p<0,05.

cholesterinspiegeln eine erhöhte Rate von Colonkarzinomen auftreten soll, und bestätigt erste Ergebnisse einer anderen in China durchgeführten Studie, nach denen in Gebieten mit besonders niedrigen Cholesterinwerten relativ wenig Colonkarzinome auftreten [39].

Insgesamt kann angenommen werden, daß die geringere Herzinfarktrate in China sich ganz erheblich auf die niedrigere Gesamtmortalität auswirkt, und daß keine Kompensation durch Infektions- oder gar Krebserkrankungen stattfindet. Die Mortalitätsunterschiede zwischen beiden Ländern wären noch deutlicher, wenn es gelänge, die Sicherheit im Straßenverkehr und am Arbeitsplatz in China zu verbessern.

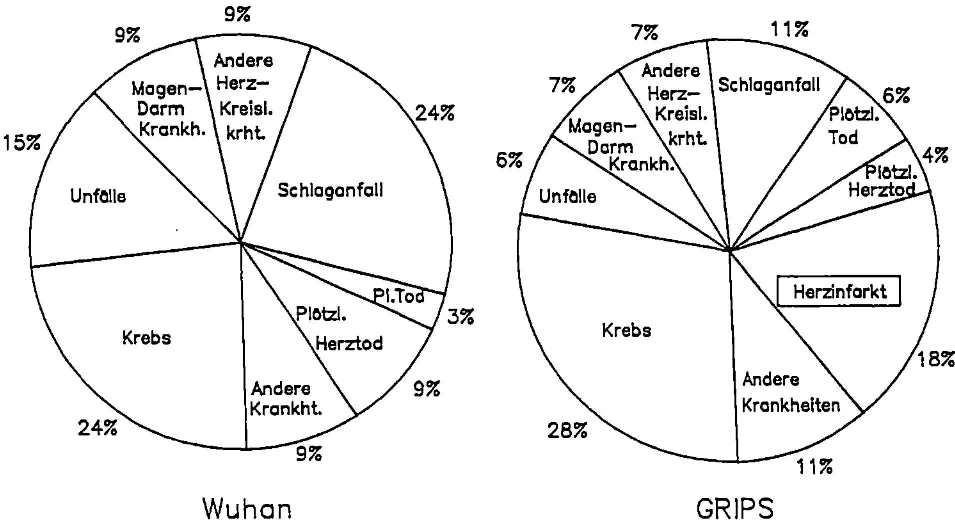

Abb. 5. Todesursachen bei 40−59jährigen Männern im Zeitraum von 5 Jahren

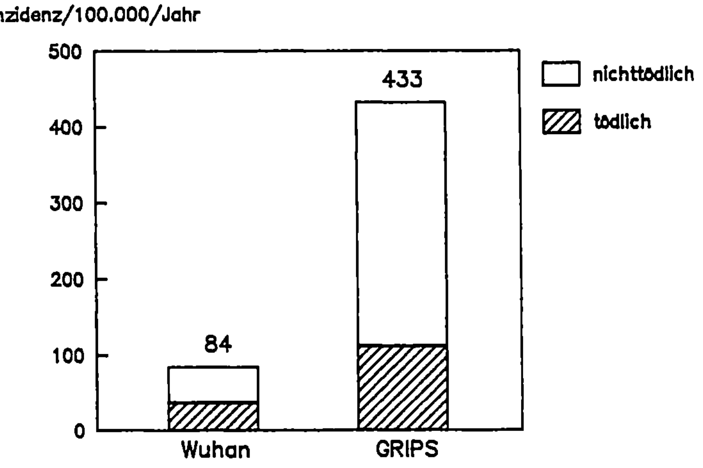

Abb. 6. Nichttödliche und tödliche Herzinfarkte bzw. Fälle von plötzlichem Herztod bei 40−59jährigen Männern

Die Unterschiede bei den Herzinfarktzahlen sind noch ausgeprägter, wenn man die nichttödlichen Herzinfarkte in den Vergleich einbezieht (Abb. 6). Als tödliche Herzinfarkte wurden hier auch die Fälle von plötzlichem Herztod berücksichtigt. Die Gesamtinzidenz aller Herzinfarkte liegt demnach in Deutschland 5mal so hoch wie in China, der Unterschied ist bei einem p-Wert von <0,001 hochsignifikant. Da bei der chinesischen Nachuntersuchung in allen Verdachtsfällen ein EKG angefertigt wurde, kann mit großer Sicherheit davon ausgegangen werden, daß

Tabelle 12. Zahl der nichttödlichen Herzinfarkte und apoplektischen Insulte sowie Inzidenzraten pro Jahr hoch gerechnet auf 100000 Teilnehmer bei 40–59jährigen deutschen und chinesischen Männern

	Wuhan (n=1656)		GRIPS (n=5738)		odds ratio	
	n	Inzidenzrate	n	Inzidenzrate		p-Wert
Herzinfarkte	4	48	92	321	6.73	***
Apoplek. Insulte	15	181	40	139	0.77	NS
KHK seit 1982 neu aufgetreten	14	169	73	254	1.50	NS
AVK seit 1982 neu aufgetreten	–	–	26	91		

Tabelle 13. Prävalenz von KHK und AVK bei der Erstuntersuchung 1982 hochgerechnet auf 100000 Teilnehmer

	Wuhan (n=2045)		GRIPS (n=5738)		odds ratio	
	n	Prävalenz	n	Prävalenz		p-Wert
KHK ohne Infarkt	20	978	144	2510	2.61	***
AVK	2	98	11	192	1.96	NS

alle Herzinfarktfälle erfaßt wurden. Die Tatsache, daß das Risiko in China, an einem einmal eingetretenen Herzinfarkt zu sterben, deutlich höher liegt als in Deutschland, beruht sicherlich zum großen Teil auf erheblichen Unterschieden im Rettungs- und Krankentransportwesen sowie in den Möglichkeiten der Intensivmedizin zwischen den beiden Ländern.

Die Zahl der neu aufgetretenen Fälle von koronarer Herzerkrankung (Tabelle 12) liegt in China ebenfalls niedriger als in Deutschland, der Unterschied ist hier allerdings nicht signifikant. Bei der Prävalenz der KHK zum Zeitpunkt der Erstuntersuchung besteht jedoch, ähnlich wie bei der Herzinfarktinzidenz, ein hochsignifikanter Unterschied zwischen den beiden Vergleichsländern (Tabelle 13).

Nichttödliche apoplektische Insulte traten dagegen in China häufiger als in Deutschland auf (Tabelle 12).

Die periphere arterielle Verschlußkrankheit (AVK) kommt in China äußerst selten vor. Lediglich 2 Studienteilnehmer klagten bei der Basisuntersuchung über typische Beschwerden, zusätzliche neue Fälle traten während des 5jährigen Beobachtungszeitraumes nicht auf. In Deutschland lag dagegen die Prävalenz der AVK bei Studienbeginn doppelt so hoch wie in China und es wurden während des 5jährigen Beobachungszeitraumes 26 zusätzliche Fälle registriert.

Tabelle 14. Abhängigkeit der Herzinfarkt-Inzidenzrate pro 1000 Teilnehmer in einem fünf-jährigen Beobachtungszeitraum vom Lebensalter bei der Basisuntersuchung

Altersgruppe (Jahre)	n	WUHAN Ereignisse	Inzid.-rate	n	GRIPS Ereignisse	Inzid.-rate
40-44	595	1	1.7	2041	20	9.8
45-49	648	2	3.1	1484	28	18.9
50-54	324	3	9.3	1178	41	34.8
55-59	89	1	11.2	564	18	31.9
Gesamt	1656	7	4.2	5267	107	20.3

Tabelle 14 zeigt die Abhängigkeit der Inzidenzrate von tödlichen und nichttöd-lichen Herzinfarkten vom Lebensalter zum Zeitpunkt der Basisuntersuchung.

Die Inzidenzrate steigt sowohl in China als auch in Deutschland deutlich mit dem Lebensalter, wobei jedoch insgesamt in Deutschland etwa 5mal so häufig Herzinfarkte wie in China beobachtet wurden. Die Unterschiede scheinen im jün-geren Lebensalter besonders ausgeprägt zu sein. In der jüngsten Altersgruppe be-trug die Inzidenzrate in China nur 17% des deutschen Vergleichswertes, in der höchsten Altersstufe dagegen 35%.

3.3 Einfluß von Risikoeigenschaften

Für die folgenden Berechnungen wurden alle Studienteilnehmer, die bereits bei der Basisuntersuchung klinische Folgeerscheinungen der Atherosklerose aufwie-sen, ausgeschlossen, so daß nur diejenigen Fälle berücksichtigt wurden, die wäh-rend des 5jährigen Beobachungszeitraumes erstmalig einen Herzinfarkt, andere Zeichen einer koronaren Herzerkrankung oder einen apoplektischen Insult ent-wickelten. Weiterhin enthalten die Referenzgruppen jeweils nur Teilnehmer, bei denen keine primären oder sekundären Zielereignisse der Studie eingetreten sind.

In Tabelle 15 sind die Mittelwerte verschiedener stetiger Risikoparameter für die Herzinfarktinzidenz- und die Referenzgruppe einander gegenübergestellt. Die Ta-belle enthält ebenfalls die mit gleicher Methodik gewonnenen Ergebnisse der deutschen Vergleichsuntersuchung. Bei der Berechnung der Signifikanz von Mit-telwertsunterschieden ergab sich die Schwierigkeit, daß im chinesischen Kollektiv bisher nur 6 Fälle mit Herzinfarkt aufgetreten sind, dem stehen 107 Fälle in der deutschen Inzidenzgruppe gegenüber.

Es ist daher bei dem Vergleich der beiden Kollektive zu berücksichtigen, daß trotz gleicher Mittelwertsunterschiede unterschiedliche Signifikanzniveaus auftre-ten können.

Tabelle 15. Altersstandardisierte Mittelwerte verschiedener Variablen bei Teilnehmern mit Infarktereignis (MI+) und der Referenzgruppe

Variable		MI+	MI−	p-Wert
n	Wuhan	6	1576	
	GRIPS	107	5160	
BMI (kg/m^2)	Wuhan	23.4 ± 2.1	21.4 ± 2.6	*
	GRIPS	26.8 ± 3.8	26.2 ± 2.9	NS
RR syst (mmHg)	Wuhan	141.0 ± 19.3	120.7 ± 19.0	**
	GRIPS	138.6 ± 19.0	131.3 ± 15.2	***
RR diast (mmHg)	Wuhan	93.4 ± 14.5	77.6 ± 12.3	***
	GRIPS	89.5 ± 10.0	85.6 ± 8.9	***
Glukose (mg/dl)	Wuhan	90.8 ± 10.4	86.8 ± 16.6	NS
	GRIPS	108.3 ± 29.8	102.1 ± 26.7	*
Harnsäure (mg/dl)	Wuhan	5.3 ± 0.6	4.7 ± 1.0	NS
	GRIPS	6.2 ± 1.2	6.1 ± 1.3	NS
Chol. (mg/dl)	Wuhan	159.0 ± 19.0	155.1 ± 27.6	NS
	GRIPS	253.7 ± 38.5	216.3 ± 39.4	***
Trigl. (mg/dl)	Wuhan	103.8 ± 27.1	115.0 ± 68.5	NS
	GRIPS	177.1 ± 72.7	152.9 ± 79.7	**
LDL-Chol. (mg/dl)	Wuhan	110.1 ± 18.8	94.5 ± 23.1	*
	GRIPS	182.3 ± 32.2	143.7 ± 32.8	***
VLDL-Chol. (mg/dl)	Wuhan	9.5 ± 2.9	10.9 ± 8.9	NS
	GRIPS	27.1 ± 15.5	23.4 ± 17.1	*
HDL-Chol. (mg/dl)	Wuhan	39.4 ± 9.9	49.6 ± 12.1	NS
	GRIPS	43.9 ± 10.1	48.6 ± 11.9	***
Verhältnis	Wuhan	3.0 ± 1.0	2.0 ± 0.7	***
LDL/HDL − Chol.	GRIPS	4.5 ± 1.3	3.2 ± 1.1	***
Nikotinkonsum (Zig/	Wuhan	25.1 ± 7.0	17.5 ± 7.8	*
Tag,nur Raucher)	GRIPS	20.8 ± 8.5	19.3 ± 8.9	NS

NS nicht signifikant; * p<0,05; ** p<0,01; *** p<0,001.

Im Gegensatz zu dem deutschen Kollektiv findet sich in der chinesischen Infarktgruppe ein signifikant höherer Mittelwert für den Gewichtsindex BMI. Die Werte für systolischen und diastolischen Blutdruck liegen in beiden Kollektiven jeweils in der Infarktgruppe signifikant höher als in der Kontrollgruppe. Beim systolischen Blutdruck wirken sich die kleineren Fallzahlen des chinesischen Kollektivs dahingehend aus, daß trotz eines größeren Mittelwertsunterschiedes ein nie-

drigeres Signifikanzniveau errechnet wird. Nur geringfügige Unterschiede bestehen in beiden Ländern bei den mittleren Blutzuckerwerten. Ein auf den ersten
Blick überraschendes Ergebnis findet sich dagegen beim Vergleich der Lipidwerte.
Während in dem deutschen Kollektiv sich der Gesamtcholesterin- und der LDL-
Cholesterinspiegel als die aussagekräftigsten Diskriminatoren zwischen Infarkt
und Referenzgruppe erwiesen, konnte in dem chinesischen Kollektiv bei den Gesamtcholesterinwerten kein signifikanter Unterschied und auch beim LDL-Cholesterinspiegel nur eine schwach signifikante Differenz festgestellt werden. Ähnliche
Verhältnisse finden sich auch bei den Triglyzeridwerten. Die mittleren HDL-Cholesterinwerte liegen zwar bei beiden Vergleichskollektiven in der Infarktgruppe
deutlich niedriger als in der Referenzgruppe, der Unterschied ist in dem chinesischen Kollektiv jedoch aus den erwähnten Gründen nicht signifikant. Lediglich
beim Verhältnis LDL/HDL ergeben sich durch das gegensinnige Wirken der beiden Parameter auch in China signifikant höhere Werte für die Infarktgruppe.

Die Tatsache, daß Gesamt- und LDL-Cholesterinwerte in China keine wesentliche Diskriminatorfunktion besitzten, erklärt sich daraus, daß bei diesen beiden
Parametern höhere, das Risiko wesentlich erhöhende Werte äußerst selten vorkommen. Dagegen scheint die Höhe des HDL-Cholesterinspiegels, der sich im
Mittel zwischen beiden Ländern nicht voneinander unterscheidet, auch in China
einen präventiven Einfluß aufzuweisen, wie sich am Unterschied der Mittelwerte
bei HDL-Cholesterin und beim Verhältnis LDL/HDL-Cholesterin zeigt.

Zusätzlich zu den beschriebenen Labor- und Untersuchungsbefunden wurde
der Mittelwert des täglichen Zigarettenkonsums der Raucher berechnet. Der Zigarettenkonsum der Infarktpatienten lag in China mit 25,1 Zigaretten/Tag höher als
der entsprechende Wert der Kontrollgruppe (17,5 Zigaretten/Tag), der Unterschied ist schwach signifikant.

Von größerer Aussagekraft als der Vergleich von Mittelwerten ist eine Darstellung der Myocardinfarkt-Inzidenzraten in Abhängigkeit von der Ausprägung verschiedener Eigenschaften mit potentieller Risikofaktorfunktion.

Tabelle 16 enthält Angaben über die Häufigkeit, in der die entsprechenden
Merkmale (AB) in beiden Vergleichsländern vorkommen.

Eine positive Familienanamnese (Fälle von Herzinfarkt bei Blutsverwandten ersten Grades vor dem 60. Lebensjahr) wurde nur bei 0,9% der chinesischen Studienteilnehmer festgestellt, es ist daher auch nicht verwunderlich, daß bei keinem
der nur 7 Infarktpatienten eine familiäre Belastung ermittelt werden konnte. Auch
der größte Teil der übrigen Risikofaktoren wurde in China in weitaus geringerer
Häufigkeit als in Deutschland beobachtet. So wurde eine Hypercholesterinämie
(über 200 mg/dl) in China bei 5,6%, in Deutschland dagegen bei 63,5% der Studienteilnehmer festgestellt. Die Zahl der Raucher (mehr als 5 Zigaretten pro Tag)
lag dagegen in China mit 63,7% fast doppelt so hoch wie in Deutschland, eine
sportliche Betätigung wurde in China nur von 21%, in Deutschland von knapp
40% der Probanden angegeben. Hierzu ist anzumerken, daß in China grundsätz-
lich die körperliche Belastung höher als in Deutschland liegt, da auch längere
Wegstrecken in der Regel zu Fuß oder mit dem Fahrrad zurückgelegt werden. Da-

Tabelle 16. Anteil von Studienteilnehmern mit verschiedenen Risikomerk-
malen in China und Deutschland

Risikomerkmale (AB)	% AB+	
	Wuhan	GRIPS
Familiäre Belastung	0.9	9.2
Blutdruck >140/90	22.3	49.3
Glukose > 100	10.0	40.4
Übergewicht BMI>25	10.5	64.8
Rauchen > 5 Zig.	63.7	36.7
Alkohol >1mal/Woche	55.0	88.8
Sport >1mal/Woche	20.8	39.3
Cholesterin >200	5.6	63.5
Triglyzeride >200	7.7	18.5
LDL-Chol. > 120	13.2	75.7
VLDL-Chol. > 30	3.5	23.4
HDL-Chol. < 35	11.8	11.9
LDL/HDL-Chol.> 3.5	4.5	32.6

gegen zählt als sportliche Betätigung auch das körperlich wenig belastende Tai qui yuan („Schattenboxen").

Der Vergleich der Inzidenzraten (Tabelle 17) läßt deutlichere Tendenzen erkennen als die im vorigen Abschnitt erwähnten Mittelwertsunterschiede. Bei den chinesischen Studienteilnehmern mit erhöhtem Blutdruck lag die Infarktinzidenzrate mit 10,9 mehr als 6mal so hoch wie bei den Normotonikern. Bei denjenigen Probanden, deren LDL-/HDL-Cholesterinverhältnis höher als 3,5 lag, wurde sogar eine Inzidenzrate von 31,5 errechnet, dieser Wert ist zwölfmal so hoch wie bei den übrigen Studienteilnehmern. Auch die Inzidenzrate bei Teilnehmern mit niedrigeren HDL-Cholesterinwerten liegt signifikant höher als bei der Kontrollgruppe.

Bemerkenswert ist auch hier, daß keiner der chinesischen Infarktpatienten erhöhte Werte für Gesamtcholesterin aufwies, was möglicherweise bei der geringen Zahl der Fälle ein zufälliger Effekt ist. Die in der deutschen Vergleichsgruppe festgestellte hochsignifikante Risikoerhöhung bei den Hypercholesterinämikern konnte daher in dem chinesischen Kollektiv nicht beobachtet werden. Auch unter Berücksichtigung niedrigerer Grenzwerte für Cholesterin bis herab zu 180 mg/dl ergibt sich für die chinesischen Studienteilnehmer mit den höheren Cholesterinwerten kein erhöhtes Herzinfarktrisiko.

Ein deutlicher Unterschied zwischen dem chinesischen und dem deutschen Kollektiv besteht in Bezug auf den Einfluß des Zigarettenrauchens. Während in Deutschland das Herzinfarkt-Risiko der Raucher doppelt so hoch liegt wie das der Nichtraucher, scheint in China allenfalls eine geringfügige Risikoerhöhung durch das Rauchen einzutreten. Dieses Ergebnis bestätigt Beobachtungen aus der GRIPS-Studie [13], nach denen der Nikotinkonsum nur bei mittleren und leicht erhöhten LDL-Cholesterinspiegeln einen zusätzlichen schädigenden Einfluß auf

Tabelle 17. Altersstandardisierte Inzidenzraten für Herzinfarkt pro 1000 Teilnehmer, bei Teilnehmern mit (AB+) und ohne (AB−) verschiedene Risikoeigenschaften. Die altersstandardisierten odds ratios zeigen das relativ erhöhte oder erniedrigte Herzinfarktrisiko bei AB+ Teilnehmern im Verhältnis zu AB− Teilnehmern an

	Altersstd. Herzinfarktinzidenzraten/1000/5Jahre					
	AB-Teilnehmer		AB+Teilnehmer		odds-ratio+p-Wert	
	Wuhan	(GRIPS)	Wuhan	(GRIPS)	Wuhan	(GRIPS)
Fam. Belastung	3.8	(15.7)	0	(66.0)	0 −	(4.0 ***)
RR >140/90	1.8	(14.6)	10.9	(26.2)	6.3***	(1.6 *)
Glukose >100	2.3	(15.6)	4.8	(27.2)	2.1 NS	(1.8 **)
BMI >25	3.6	(17.2)	7.5	(22.0)	2.1 NS	(1.2 NS)
Rauchen >5Zig.	3.7	(14.7)	4.2	(30.0)	1.1 NS	(2.1 ***)
Alkohol ≥1x/Wo.	2.8	(40.7)	4.5	(17.7)	1.6 NS	(0.46 **)
Sport ≥1x/Wo.	4.1	(23.8)	3.3	(15.0)	0.8 NS	(0.7 NS)
Chol. >200	4.0	(6.3)	0	(28.4)	0 −	(4.6 ***)
Trigl. >200	4.1	(15.1)	0	(43.1)	0 −	(2.9 ***)
LDL-Chol.>120	3.8	(0.8)	5.5	(26.6)	1.5 NS	(34.9 ***)
VLDL-Chol.>30	4.0	(15.9)	0	(34.6)	0 −	(2.2 ***)
HDL-Chol.<35	2.8	(16.2)	11.6	(51.0)	4.1 **	(3.3 ***)
LDL/HDL>3.5	2.7	(7.1)	31.5	(47.7)	12.0***	(7.0 ***)

NS nicht signifikant; * p<0,05; ** p<0,01; *** p<0,001.

die Entwicklung der koronaren Herzerkrankungen zeigt, während bei LDL-Werten unter 140 mg/dl, wie sie in China die Regel sind, das Herzinfarkt-Risiko für Raucher und Nichtraucher annähernd gleich ist.

Zusammenfassend ist bei allen Vorbehalten wegen der geringen Fallzahlen festzustellen, daß das Herzinfarkt-Risiko in China in erster Linie durch den Blutdruck und, trotz sehr geringer Gesamt-Cholesterinspiegel, durch das HDL-Cholesterin, bzw. das Verhältnis LDL/HDL bestimmt wird. Dagegen zeigt sich bisher kein Einfluß der Höhe von Gesamt- und LDL-Cholesterin, wobei in China höhere Werte, die in Deutschland das Risiko maßgeblich mitbestimmen, nur in einem sehr geringen Prozentsatz vorkommen.

Tabelle 18 enthält, ähnlich wie es für die Studienteilnehmer mit Herzinfarkt gezeigt wurde, die Mittelwerte der Risikoparameter für 14 Probanden mit koronarer Herzerkrankung (gesichert durch Ergometrie) und die Referenzgruppe, wobei alle Fälle von Herzinfarkt und plötzlichem Herztod ausgeschlossen wurden.

Hier ergeben sich signifikante Unterschiede beim HDL-Cholesterin und beim Verhältnis LDL- zu HDL-Cholesterin. Die übrigen Unterschiede sind nicht signifikant, jedoch fällt auf, daß KHK-Patienten im Mittel einen höheren Blutdruck aufweisen. So findet sich dann auch beim Vergleich der Hypertoniker mit den Normotonikern (Tabelle 19) eine signifikante Erhöhung der Inzidenzrate für koronare Herzerkrankung.

Tabelle 18. Altersbereinigte Mittelwerte („least square means") verschiedener Variablen bei chinesischen Teilnehmern mit Auftreten einer koronaren Herzerkrankung (KHK+) und der Referenzgruppe

Variable	KHK+ (n=14) Mittelwerte	Referenzgruppe (n=1575) Mittelwerte	p-Wert
BMI (kg/m^2)	22.2	21.6	NS
RR syst (mmHg)	130.1	122.5	NS
RR diast (mmHg)	83.0	78.5	NS
Glukose (mg/dl)	87.9	87.3	NS
Harnsäure (mg/dl)	4.8	4.8	NS
Chol. (mg/dl)	147.5	156.6	NS
Trigl. (mg/dl)	114.2	116.5	NS
LDL-Chol. (mg/dl)	93.7	95.8	NS
HDL-Chol. (mg/dl)	42.7	49.7	*
VLDL-Chol.(mg/dl)	11.5	11.0	NS
LDL-/HDL-Chol	2.4	2.0	(*)
Nikotin- (Zig./Tag) konsum	12.7	11.6	NS

NS nicht signifikant; (*) p<0,1; * p<0,05.

Tabelle 19. Altersstandardisierte Inzidenzraten für Koronare Herzerkrankung pro 1000 Teilnehmer bei Teilnehmern mit (AB+) und ohne (AB−) verschiedene Risikoeigenschaften

Altersstandardisierte KHK-Inzidenzraten/1000/5Jahre

Risikoeigen- schaften (AB)	AB− Teiln.	AB+ Teiln.	Altersstd. odds ratio	p-Wert
Familiäre Belastung	8.9	0	0	−
Blutdruck >140/90	6.5	16.3	2.52	**
Glukose > 100	6.7	13.9	2.10	(*)
Übergewicht BMI>25	8.5	11.6	1.36	NS
Rauchen > 5 Zig.	7.0	10.1	1.44	NS
Alkohol ≥1mal/Woche	7.0	10.2	1.47	NS
Sport ≥1mal/Woche	8.0	12.3	1.54	NS
Cholesterin >200	9.3	0	0	−
Triglyzeride >200	8.2	16.1	1.98	*
LDL-Chol. > 120	8.2	7.4	0.90	NS
VLDL-Chol. > 30	7.3	40.3	5.67	***
HDL-Chol. < 35	7.1	23.4	3.34	***
LDL-/HDL-Chol.> 3.5	7.4	29.9	4.12	***

NS nicht signifikant; (*) p<0,1; * p<0,05; *** p<0,001.

Tabelle 20. Altersbereinigte Mittelwerte („least square means") verschiedener Variablen bei chinesischen Teilnehmern mit tödlichem oder nicht tödlichem apoplektischen Insult (APO+) und der Referenzgruppe

Variable	APO+ (n=20) Mittelwert	Referenzgruppe (n=1575) Mittelwert	p-Wert
BMI (kg/m^2)	23.0	21.6	*
RR Syst (mmHg)	149.1	122.2	***
RR diast (mmHg)	93.8	78.4	***
Glukose (mg/dl)	88.8	87.4	NS
Harnsäure (mg/dl)	4.7	4.7	NS
Chol. (mg/dl)	158.9	156.4	NS
Trigl. (mg/dl)	116.3	116.4	NS
LDL-Chol. (mg/dl)	99.3	95.8	NS
HDL-Chol. (mg/dl)	46.5	49.7	NS
VLDL-Chol.(mg/dl)	12.2	11.0	NS
LDL-/HDL-Chol.	2.4	2.0	*
Nikotin-(Zig./Tag) konsum	10.5	11.6	NS

NS nicht signifikant; * p<0,05; *** p<0,001.

Hochsignifikant ist die Erhöhung des Risikos bei Probanden mit erhöhten Werten für Blutdruck, VLDL-Cholesterin und mit niedrigen HDL-Cholesterinwerten, wobei die letzten beiden Befunde häufig miteinander kombiniert sind. Eine schwach signifikant erhöhte Inzidenzrate wurde für die Gruppe mit erhöhten Blutzucker- und Triglyzeridspiegeln errechnet. Dagegen bestand bei keinem der 14 Studienteilnehmer mit koronarer Herzerkrankung ein erhöhter Gesamtcholesterinwert, so daß ähnlich wie bei den Fällen mit Herzinfarkt in dem chinesischen Kollektiv keine Beeinflussung des Risikos durch diesen Parameter ermittelt werden konnte. Jedoch hat das Verhältnis LDL-/HDL-Cholesterin durch den beschriebenen Effekt beim HDL-Cholesterin trotz der sehr niedrigen Werte für LDL-Cholesterin einen deutlichen risikoerhöhenden Einfluß.

Tabelle 20 zeigt die entsprechenden Berechnungen für die 20 Studienteilnehmer mit tödlichem oder nichttödlichem apoplektischen Insult.

Infolge der höheren Fallzahlen können hier deutlichere Effekte beobachtet werden. Hochsignifikant unterscheiden sich die Mittelwerte des systolischen und diastolischen Blutdrucks, so daß der Risikofaktor Hypertonie für die Entwicklung eines apoplektischen Insultes von entscheidender Bedeutung erscheint. Jedoch findet sich in der Inzidenzgruppe auch ein signifikant höherer Gewichtsindex und ein höherer Wert für das Verhältnis LDL-/HDL-Cholesterin. Bei den übrigen bekannten Risikoparametern einschließlich Gesamt- und LDL-Cholesterin konnten dagegen keine signifikanten Unterschiede festgestellt werden.

Tabelle 21. Altersstandardisierte Inzidenzraten für apoplektischen Insult pro 1000 Teilnehmer bei Teilnehmern mit (AB+) und ohne (AB−) verschiedene Risikoeigenschaften

Risikoeigen-schaften (AB)	Altersstandardisierte Inzidenzraten für apoplektischen Insult/1000/5 Jahre			
	AB-Teiln.	AB+Teiln.	Altersstd. odds ratio	p-Wert
Fam. Belastung (Apop.)	11.4	16.4	1.45	NS
Blutdruck >140/90	6.4	37.4	6.01	***
Glukose > 100	11.3	12.6	1.12	NS
Übergewicht BMI>25	10.0	26.7	2.72	***
Rauchen > 5 Zig.	15.1	11.3	0.74	NS
Alkohol >1mal/Woche	12.6	12.3	0.98	NS
Sport >1mal/Woche	14.4	5.8	0.40	*
Cholesterin >200	12.6	10.4	0.82	NS
Triglyzeride >200	12.2	16.1	1.32	NS
LDL-Chol. > 120	12.1	18.3	1.53	NS
VLDL-Chol. > 30	12.6	21.9	1.75	(*)
HDL-Chol. < 35	12.0	17.8	1.49	NS
LDL-/HDL-Chol.> 3.5	10.7	60.5	5.93	***
ApoB/ApoAI >1.1	12.0	52.2	4.53	***

NS nicht signifikant; (*) p<0,1; * p<0,05; *** p<0,001.

Entsprechend findet sich beim Vergleich der Hypertoniker mit den Normotonikern (Tabelle 21) eine hochsignifikant erhöhte Inzidenzrate für apoplektischen Insult in der Hypertoniegruppe.

Die Studienteilnehmer mit Übergewicht und die Nichtsportler wiesen ebenfalls ein deutlich erhöhtes Erkrankungsrisiko auf. Als sehr starker Diskriminator erwies sich in diesem Fall auch das Verhältnis LDL-/HDL-Cholesterin, wobei für die Gruppe mit Werten über 3,5 ein fast 6fach erhöhtes Risiko ermittelt wurde.

Einen ähnlichen Effekt hat das Verhältnis Apolipoprotein B zu AI. Ein schwach signifikant erhöhtes Risiko wurde für die Teilnehmer mit erhöhten Werten für VLDL-Cholesterin ermittelt. Bei den übrigen Risikoparametern ergaben sich hier keine signifikanten Effekte.

Tabelle 22 zeigt schließlich die Mittelwertsunterschiede der Risikoparameter zwischen Studienteilnehmern, die innerhalb eines 6jährigen Beobachtungszeitraumes an Krebs verstorben sind und dem übrigen Kollektiv.

Bei den 12 Todesfällen durch Krebserkrankungen fanden sich signifikant niedrigere Werte für diastolischen Blutdruck, Gesamtcholesterin, LDL-Cholesterin und das Verhältnis LDL- zu HDL-Cholesterin. Die Werte für alkalische Phosphatase, Gamma-Glutamyl-Transferase und Glutamat-Pyrurat-Transaminase lagen zwar nicht signifikant, aber doch erkennbar bei der Gruppe der Krebspatienten in einem höheren Bereich, was als schwacher Hinweis auf bereits zum Zeitpunkt der Basisuntersuchung bestehende, aber nicht diagnostizierte Leber- und Kno-

Tabelle 22. Altersbereinigte Mittelwerte verschiedener Variablen bei chinesischen Teilnehmern mit und ohne tödlicher Krebserkrankung

Variable	Krebspat.(n=12)	Kontrollgr.(n=1645)	
	Mittelwert	Mittelwert	p-Wert
BMI (kg/m^2)	20.4	21.6	NS
RR syst (mmHg)	117.9	122.5	NS
RR diast (mmHg)	71.5	78.5	*
Glukose (mg/dl)	83.0	87.4	NS
Harnsäure (mg/dl)	5.0	4.7	NS
Chol. (mg/dl)	133.9	156.6	**
Trigl. (mg/dl)	89.7	116.6	NS
LDL-Chol. (mg/dl)	75.2	95.9	**
HDL-Chol. (mg/dl)	52.3	49.7	NS
VLDL-Chol.(mg/dl)	6.4	11.0	(*)
LDL-/HDL - Chol.	1.5	2.1	**
Nikotin-(Zig./Tag) konsum	14.0	13.4	NS
Alk.Phosp. (U/l)	132.8	127.2	NS
Gamma-GT (U/l)	16.7	13.8	NS
GPT (U/l)	27.0	18.6	NS

NS nicht signifikant; (*) p<0,1; * p<0,05; ** p<0,01.

chenmetastasen gedeutet werden kann. Es ist daher anzunehmen, daß in einigen Fällen die Krebserkrankung zum Zeitpunkt der Basisuntersuchung bereits bestand, was die niedrigeren Blutdruck- und Cholesterinwerte erklären könnte. Zur weiteren Interpretation sollten jedoch auch hier die Ergebnisse der 10-Jahres-Nachuntersuchung abgewartet werden.

3.4 Ernährung

In Anbetracht der erwähnten großen Unterschiede bei den Serumspiegeln von Lipiden, Harnsäure und Blutzucker zwischen dem chinesischen und dem deutschen Kollektiv kommt eine besondere Bedeutung den unterschiedlichen Ernährungsgewohnheiten in beiden Ländern zu.

Aus diesem Grund wurde an einem Teilkollektiv von 262 chinesischen Studienteilnehmern bei der Basisuntersuchung im Jahr 1983 eine Ernährungserhebung in Form eines 72-Stunden-Erinnerungsprotokolls durchgeführt [10]. Tabelle 23 zeigt die durchschnittliche Menge der verzehrten Lebensmittel.

Der größte Teil der Nahrung in Wuhan besteht aus Reis und Gemüse. Der Fleischkonsum beträgt dagegen nur etwa die Hälfte des deutschen Vergleichswer-

Tabelle 23. Mittlerer Lebensmittelverbrauch (g/Tag)

	Wuhan (1983)	BRD (1985/86) (15)
Reis	371	6
Weizenmehl	115	142
Andere Getreide	5	48
Zucker	4	119
Kartoffeln	7	171
Sojabohnen	5	–
Soja-Produkte	62	–
Gemüse	287	181
Trockengemüse	2	
Algen	2	
Salzgemüse	14	
Erdnüsse	12	
Milch, Milchprodukte	10	277
Käse und Quark	0	43
Eier	9	40
Fleisch und Wurstwaren	100	223
Fisch und Krabben	47	20
Tierische Fette	8	40
Planzenöle und -Fette	23	42
Soja-Sauce	10	–
Gesamtenergie (Cal/Tag)	2818	3597

Tabelle 24. Verteilung der Energiezufuhr auf verschiedene Nahrungsgruppen

	Wuhan %	BRD % (2)
Getreideprodukte	58	33
Kartoffeln	0.2	2
Sojaprodukte	4	–
Obst und Gemüse	9	12
Tierische Produkte	18	37
Andere Lebensmittel	8	7
Alkoholische Getränke	3	10

tes. Ein wichtiger Teil des chinesischen Nahrungsangebotes besteht aus Sojabohnenprodukten. Fettreiche Milchprodukte wie Butter, Käse und Sahne werden in China generell nicht verzehrt, Eier, Milch und Süßigkeiten lediglich in kleinen Mengen.

Die Gesamtenergieaufnahme ist in China mit 2818 Kalorien für einen erwachsenen Mann durchaus ausreichend, dagegen ist der entsprechende deutsche Wert mit 3597 Kalorien deutlich überhöht.

Tabelle 25. Nahrungsbestandteile im Jahr 1983

	Wuhan		BRD (2)	
Protein, g	82		87	
Fett, g	96		130	
tierische Fette, g		55		89
pflanzliche Fette, g		41		41
Cholesterin, mg	165		483	
Kohlenhydrate g	407		236	

Tabelle 26. Verteilung der Protein-zufuhr in Wuhan

Getreide	50.6%
Sojabohnen	10.9%
andere Pflanzen	9.0%
Tiere	29.5%

Tabelle 24 enthält die Energieanteile der unterschiedlichen Nahrungsgruppen in China und Deutschland.

Der überwiegende Teil der chinesischen Energiezufuhr besteht aus Getreideprodukten, dagegen sind tierische Produkte und alkoholische Getränke im Vergleich zu Deutschland zu einem deutlich geringeren Teil an der Energiezufuhr beteiligt.

Die Umrechnung auf Nahrungsbestandteile (Tabelle 25) ergibt infolgedessen in China eine deutlich geringere Aufnahme von tierischem Fett und eine entsprechend höhere Zufuhr von Kohlehydraten.

Keine wesentlichen Unterschiede bestehen bei dem Verzehr von Protein und pflanzlichem Fett. Die Cholesterinaufnahme beträgt mit 165 mg/Tag gerade 1/3 des in Deutschland üblichen Wertes.

Tabelle 26 zeigt die Zusammensetzung der Proteinzufuhr in China, wobei bemerkenswert ist, daß tierisches Protein nur mit 30% vertreten ist, während Protein aus Sojabohnen mit 11% einen beachtlichen Anteil hat. Es bestehen Hinweise, nach denen ein hoher Anteil von Sojabohnenproteinen in der Diät zu einer Senkung des Serumcholesterinspiegels führen kann [54].

Da während der letzten 5 Jahre in China eine gewisse Verbesserung der wirtschaftlichen Verhältnisse beobachtet werden konnte, wurde im Rahmen der Nach-

Tabelle 27. Nahrungsbestandteile im Jahr 1988

	Mittelwert	Standardabweichung
Protein (g)	76	26
Fett (g)	74	28
(tierisch)	32	25
(pflanzlich)	42	15
Cholesterin (mg)	190	158
Kohlenhydrate (g)	387	145
Gesamtenergie (Cal.)	2524	719

befragung im Jahr 1988 eine erneute Erhebung der Ernährungsgewohnheiten bei 100 Studienteilnehmern durchgeführt. Die Ergebnisse sind in Tabelle 27 aufgeführt.

Es konnte jedoch lediglich eine leichte Erhöhung der Cholesterinaufnahme von 165 mg auf 190 mg/Tag festgestellt werden, die in erster Linie durch einen erhöhten Konsum von Eiern hervorgerufen wurde. Dagegen ist der Verbrauch an tierischen Fetten und damit die Gesamtenergiezufuhr sogar leicht zurückgegangen. Bei den übrigen Nahrungsbestandteilen ist keine wesentliche Änderung im Beobachtungszeitraum eingetreten. Dies steht in Einklang mit Beobachtungen, nach denen zwar ein höheres Nahrungsangebot auf dem Markt besteht, der finanzielle Spielraum der einzelnen Familien sich jedoch nicht wesentlich erweitert hat, so daß aus finanziellen Gründen und sicherlich zum Teil auch aus Tradition eine Erhöhung z. B. des Fleischkonsums bisher nicht zu verzeichnen ist.

3.5 Änderung der Untersuchungsergebnisse zwischen 1983 und 1988

Wie bereits im vorigen Abschnitt erwähnt wurde, kam es innerhalb der letzten 5 Jahre in China zu einer äußerlich erkennbaren Verbesserung der wirtschaftlichen Situation. Da deshalb bei Beginn der Folgeuntersuchung eine Änderung der Ernährungsgewohnheiten nicht ausgeschlossen werden konnte, wurden neben der Messung von Größe, Gewicht und Blutdruck eine erneute Bestimmung von Cholesterin, Triglyzeriden, HDL- und LDL-Cholesterin sowie Glukose im Nüchternserum vorgenommen. Für die HDL- und LDL-Cholesterinmessungen wurden diesmal nur die in Abschn. 2.5 beschriebenen Präzipitationsmethoden angewandt.

In Tabelle 28 sind die Mittelwerte mit Standardabweichung aufgeführt und den entsprechenden Ergebnissen der Basisuntersuchung 1983 gegenübergestellt.

Hierbei wurden nur diejenigen Studienteilnehmer berücksichtigt, von denen Befunde aus beiden Untersuchungen vorlagen. Man erkennt bereits hier, daß in-

Tabelle 28. Änderung von Labor- und Untersuchungsbefunden zwischen 1983 und 1988 (n = 1139)

	1983		1988	
	Mittelwert	Std.abw.	Mittelwert	Std.abw.
RR syst. (mmHg)	120.7	19.0	120.8	20.9
RR diast. (mmHg)	77.9	12.5	80.6	12.3
Gewicht (kg)	60.5	8.1	60.4	9.0
Broca-Index (%)	89.6	11.3	91.7	12.6
Chol. (mg/dl)	155.4	26.7	157.3	27.9
Trigl. (mg/dl)	117.6	72.0	128.7	92.5
HDL-Chol. (mg/dl)	47.3	11.1	47.8	11.6
LDL-Chol. (mg/dl)	84.7	26.9	81.0	25.1
Ratio LDL/HDL	1.9	0.7	1.8	0.6
Glukose (mg/dl)	86.2	11.6	85.1	13.2

nerhalb der letzten 5 Jahre allenfalls eine geringfügige Zunahme von diastolischem Blutdruck, Gewichtsindex, Gesamtcholesterin und Triglyzeriden zu beobachten ist. Der mittlere LDL-Cholesterinspiegel hat sogar geringfügig abgenommen.

Da die untersuchten Parameter vom Lebensalter abhängig sind, ist zu berücksichtigen, daß das Alter des untersuchten Kollektivs zwischen den 2 Untersuchungsterminen um 5 Jahre gestiegen ist. In Tabelle 29 sind daher die Mittelwerte der untersuchten Parameter für die verschiedenen 5-Jahres-Altersgruppen aufgeführt.

Beim systolischen Blutdruck erkennt man, daß entgegen dem üblichen Altersverlauf die Werte innerhalb des Beobachtungszeitraumes für die einzelnen Kohorten konstant geblieben sind. Der Anstieg des diastolischen Blutdruckes entspricht dagegen genau dem Altersverlauf. Als Erklärung für diesen Befund kommt eine Verbesserung der medikamentösen Hochdrucktherapie innerhalb der letzten 5 Jahre in Betracht, die sich überwiegend auf eine Senkung der systolischen Blutdruckwerte ausgewirkt hat.

Eine Bestätigung für diese Annahme ergibt sich durch die Aufteilung der Studienteilnehmer in 5 Quintilen in Abhängigkeit von ihrem systolischen Blutdruck zum Zeitpunkt der Basisuntersuchung (Tabelle 30). Man erkennt hierbei, daß in der Quintile mit den höchsten Blutdruckwerten die höchste Blutdrucksenkung (um 7 mmHg) eingetreten ist, während in der untersten Quintile der Blutdruck um einen entsprechenden Wert angestiegen ist.

Das mittlere Körpergewicht hat lediglich in der jüngsten Altersgruppe (40–44 Jahre) leicht zugenommen, in den übrigen Altersgruppen dagegen leicht abgenommen, so daß im Gesamtkollektiv keine wesentliche Änderung eingetreten ist. Die Erhöhung des Broca-Index um etwa 2% ist daher lediglich durch eine Abnahme der Körpergröße bedingt, die zum Teil dem natürlichen Altersverlauf entspricht, zum Teil auch durch methodische Unterschiede bei der Messung der Kör-

Tabelle 29. Altersabhängigkeit von Labor- und Untersuchungsbefunden in den Jahren 1983 und 1988 (Mittelwerte)

		Lebensalter				
		40-44	45-49	50-54	55-59	60-64
n (1983)		440	441	206	52	
RR syst.	1983	117.1	120.3	126.1	133.5	
(mmHg)	1988		117.7	120.6	124.4	134.0
RR diast.	1983	76.3	77.8	80.3	82.9	
(mmHg)	1988		79.5	80.6	82.1	85.0
Gewicht	1983	60.4	60.4	60.4	63.3	
(kg)	1988		60.9	60.1	59.7	62.5
Broca	1983	88.5	89.3	91.1	95.4	
Index	1988		91.2	91.3	92.4	96.9
Chol.	1983	151.6	156.8	157.6	166.6	
(mg/dl)	1988		154.2	157.7	161.7	164.1
Trigl.	1983	117.3	114.6	122.8	123.7	
(mg/dl)	1988		126.0	127.0	129.3	163.9
HDL-Chol.	1983	46.8	47.7	47.2	48.5	
(mg/dl)	1988		47.1	48.6	47.9	46.2
LDL-Chol.	1983	81.8	85.4	87.2	94.1	
(mg/dl)	1988		78.7	80.5	85.9	84.8
Ratio	1983	1.9	1.9	2.0	2.1	
LDL/HDL	1988		1.8	1.7	1.9	1.9
Glukose	1983	85.3	85.8	87.5	91.9	
(mg/dl)	1988		84.3	84.4	86.7	90.8

Tabelle 30. Änderung des systolischen Blutdrucks zwischen 1983 und 1988 in Abhängigkeit von Ausgangsblutdruck (Mittelwerte im mmHg)

	1.Quintile	2.Quintile	3.Quintile	4.Quintile	5.Quintile
1983	99.0	110.0	118.4	128.0	150.5
1988	106.2	113.2	117.7	125.1	143.5

Tabelle 31. Änderung des Gesamtcholesterinspiegels zwischen 1983 und 1988 in Abhängigkeit vom Ausgangswert (Mittelwerte in mg/dl)

	1.Quintile	2.Quintile	3.Quintile	4.Quintile	5.Quintile
1983	120.6	139.7	153.8	168.0	195.4
1988	133.5	147.5	157.6	165.3	183.4

pergröße verursacht ist. Die leichte Erhöhung der Cholesterinwerte entspricht dem natürlichen Altersverlauf. In der höchsten Altersgruppe konnte sogar eine leichte Senkung des Cholesterinspiegels verzeichnet werden. Dagegen haben die Triglyzeridwerte in allen vier Altersgruppen zugenommen, in diesem Fall geht die Erhöhung über den natürlichen Altersverlauf hinaus. Entsprechend hat vermutlich die bei der Folgeuntersuchung nicht direkt gemessene VLDL-Cholesterin-Fraktion zugenommen, da beim HDL-Cholesterin keine wesentliche Änderung eingetreten ist und die LDL-Fraktion sogar geringfügig abgenommen hat.

Trotz der relativen Konstanz der mittleren Cholesterinwerte über den Beobachtungszeitraum haben sich bei Betrachtung der einzelnen Studienteilnehmer dennoch individuelle Verschiebungen ergeben (Tabelle 31). So ist bei der Gruppe mit den ursprünglich niedrigsten Cholesterinwerten (1. Quintile) ein Anstieg von 120,6 auf 133,5 mg/dl eingetreten, während in der höchsten Quintile eine Cholesterinsenkung von 195,4 auf 183,4 mg/dl beobachtet wurde. Dieser Effekt dürfte ähnlich wie bei dem systolischen Blutdruck zum Teil auf eine Therapiewirkung durch Diätumstellung zurückzuführen sein, da bei der Basisuntersuchung pathologische Befunde den Studienteilnehmern mitgeteilt wurden.

Auch beim Blutzuckerspiegel ist in allen vier Altersgruppen eine geringfügige Abnahme der Werte zu verzeichnen, ein Hinweis darauf, daß innerhalb der letzten 5 Jahre auch in bezug auf den Glukosestoffwechsel und die niedrige Prävalenz von Diabetes mellitus in China keine wesentliche Änderung eingetreten ist.

Die beschriebenen Beobachtungen stehen in Übereinstimmung mit den im vorigen Abschnitt aufgeführten Ergebnissen der Ernährungsbefragung, die ebenfalls keine wesentliche Änderung der Ernährungsgewohnheiten, insbesondere der Gesamtenergiezufuhr, innerhalb der letzten 5 Jahre ergeben hat. Dagegen ist eine deutliche Zunahme des Alkoholkonsums zu verzeichnen, die gleichmäßig alle vier Altersgruppen betrifft (Tabelle 32).

Während im Jahr 1983 Alkohol im wesentlichen nur in Form von Schnaps und Likör verzehrt wurde, ist die jetzt festgestellte Zunahme durch zusätzlichen Konsum von Bier bedingt, das im Jahr 1988 in weitaus größerem Umfang als 1983 auf dem Markt angeboten wurde.

Tabelle 33 zeigt die Änderung der Rauchgewohnheiten innerhalb der letzten 5 Jahre.

Tabelle 32. Alkoholkonsum in Abhängigkeit vom Lebensalter; Änderung zwischen 1983 und 1988

| | | \\ Lebensalter | | | | | |
		40-44	45-49	50-54	55-59	60-64	Gesamt
Alkohol	1983	8.3	8.2	10.3	9.5		8.7
(g/Tag)	1988		16.9	16.1	15.5	16.1	16.3

Tabelle 33. Änderung der Rauchgewohnheiten zwischen 1983 und 1988

	1983	1988
nie geraucht	24.0%	23.7%
früher geraucht	8.3%	13.2%
1-10 Zig.	19.6%	16.4%
>10 Zig.	48.2%	46.7%

Tabelle 34. Altersabhängigkeit der Rauchgewohnheiten; Angaben in Prozent der jeweiligen Altersgruppe

| | | Lebensalter | | | | |
		40-44	45-49	50-54	55-59	60-64
nie	1983	22.5	25.1	21.3	38.8	
geraucht	1988		22.6	23.0	25.4	32.7
früher	1983	4.5	8.4	14.2	16.3	
geraucht	1988		9.2	14.5	16.8	22.5
1-10 Zig.	1983	23.2	18.3	17.8	6.1	
	1988		15.1	16.4	20.3	12.2
>10 Zig.	1983	49.9	48.2	46.7	38.8	
	1988		53.2	46.1	37.6	32.7

Es fällt dabei auf, daß etwa 5% des Gesamtkollektivs bzw. 7,2% der Raucher zwischenzeitlich das Rauchen aufgegeben haben.

Eine Betrachtung der einzelnen 5-Jahres-Altersgruppen (Tabelle 34) zeigt jedoch, daß auch dieser Effekt dem Altersverlauf entspricht. Bemühungen in China, den Zigarettenkonsum zu reduzieren, haben daher im Vergleich zu der Zeit vor 1983 keine zusätzliche Wirkung erzielt. In der jüngsten Altersgruppe hat der

Anteil der starken Raucher (mehr als 10 Zigaretten/Tag) sogar auf 53,2% des Gesamtkollektivs zugenommen.

Zusammenfassend ist festzustellen, daß zwischen 1983 und 1988 eine Erhöhung des Alkoholkonsums auf nahezu den doppelten mittleren Wert beobachtet werden konnte. Möglicherweise in Zusammenhang damit steht eine leichte Erhöhung der Triglyzeridwerte. Dagegen ist bei den übrigen Ernährungsgewohnheiten und den Rauchgewohnheiten ebenso wie bei dem Körpergewicht und den Stoffwechsel- parametern Cholesterin und Blutzucker keine wesentliche Änderung zu verzeich- nen.

4 Psychosoziale Faktoren in China

4.1 Einführung

Seit langer Zeit wird vermutet, daß neben den bisher beschriebenen Risikofaktoren wie Hypercholesterinämie, Hypertonie und Zigarrettenrauchen auch psychosoziale Faktoren für die Entwicklung der koronaren Herzerkrankungen eine wichtige Rolle spielen. Bereits 1892 beschrieb W. Osler Koronarpatienten als Personen, die bei der Arbeit ständig an ihrer oberen Leistungsgrenze stehen, und die unermüdlich nach Erfolg streben [38].

In den letzten Jahrzehnten haben zahlreiche Studien den Versuch unternommen, soziale und psychologische Faktoren zu identifizieren, die zum Auftreten der koronaren Herzerkrankung beitragen [28]. Hierbei bestehen jedoch erhebliche methodische Probleme bei der Definition der psychosozialen Phänomene und ihrer quantitativen Messung.

Eine der ersten Prospektivuntersuchungen, in der der Einfluß psycho-sozialer Faktoren auf die Inzidenz der koronaren Herzerkrankung beschrieben wurde, war die Framingham Study, in der 1674 Amerikaner zwischen 1965/67 und 1973/75 unter diesem Aspekt beobachtet wurden [26]. Hierbei ergab sich ein deutlich erhöhtes koronares Risiko für Studienteilnehmer mit Arbeitsüberlastung, häufigem Arbeitsplatzwechsel und unterdrückten Emotionen. Sowohl Männer als auch Frauen mit sogenanntem Typ-A Verhalten, das erhöhte Aggressivität, Ehrgeiz, Konkurrenzverhalten und ein chronisches Gefühl von Zeitnot beinhaltet, hatten ein doppelt so hohes Risiko für koronare Herzerkrankung wie Studienteilnehmer mit Typ-B Verhalten. Diese Berechnungen erfolgten nach Korrektur von anderen wichtigen Einflüssen wie Lebensalter, Blutdruck und Cholesterinspiegel.

Weitere, kürzlich veröffentlichte Ergebnisse der gleichen Studie [27, 30] ergaben ein erhöhtes KHK-Risiko für Männer, deren Ehefrauen entweder eine lange, mehr als 13jährige Ausbildung abgeschlossen hatten oder in einer hohen beruflichen Position standen.

Durch Experimente an Makakken-Affen − einer für das Studium der Pathogenese der Arteriosklerose aufschlußreichen Spezies − wurde in den letzten Jahren ein Einfluß der Aktivität des autonomen Nervensystems auf die Entwicklung der Arteriosklerose nachgewiesen [31]. Zwei Komponenten eines sozio-emotionalen Distress erwiesen sich hierbei als besonders wirksam, nämlich erfolgloses Bemühen, gestellten Anforderungen zu genügen und Unterwürfigkeit, bedingt durch eine niedrige Stellung in der sozialen Hierarchie.

Ein möglicher Wirkungsmechanismus vom chronischen sozialen Streß auf die Entwicklung der Arteriosklerose besteht in der Erhöhung der bekannten Risikofaktoren wie arterieller Hypertonie oder Hypercholesterinämie. Eine kürzlich durchgeführte Industriearbeiterstudie in Marburg [53] ergab erhöhte Werte für den atherogenen Index (Verhältnis LDL/HDL-Cholesterin) bei Studienteilnehmern mit chronischem beruflichen Streß. Die Einschätzung der Belastungsintensität erfolgte dabei sowohl über objektive Indikatoren (tatsächliche Gefahr des Arbeitsplatzverlustes, Schichtarbeit) als auch durch die Erhebung von subjektiven Einschätzungen (Angst vor Arbeitsplatzverlust, Gefühl von zunehmender Arbeitsbelastung).

Es stellt sich daher die interessante Frage, ob Aspekte des patho-physiologisch bedeutsamen Streßgeschehens auch in anderen als westlichen Industriegesellschaften zu finden sind, speziell, ob es zwischen bestimmten chronischen beruflichen Belastungskonstellationen in der untersuchten chinesischen Industriearbeitergruppe und den bekannten Risikofaktoren der koronaren Herzkrankheit systematische Zusammenhänge gibt. Solche Zusammenhänge können auf zwei Wegen dokumentiert werden:

1. durch den Nachweis eines Einflusses von Belastungserfahrungen auf riskante gesundheitsschädigende Verhaltensweisen (Rauchen, Bewegungsarmut, Ernährung bzw. Gewichtskontrolle, etc.),
2. durch den Nachweis von direkten, über das autonome Nervensystem vermittelten Wirkungen auf erhöhte Blutfett- und Blutdruckwerte. Zu beiden Fragestellungen liegen mit westlichen Studien vergleichbare Untersuchungen an Chinesen bisher nicht vor.

Um in einer ersten Exploration diese Forschungsthematik zu verfolgen, haben wir im Rahmen der laufenden Industriearbeiterstudie anläßlich der Nachuntersuchung im Jahr 1988 einen standardisierten Fragebogen zur Erhebung der Streßbelastung im beruflichen und privaten Bereich in die Unternehmung einbezogen.

4.2 Methoden

Die Befragung der Studienteilnehmer erfolgte anhand eines Fragebogens mit vorgegebenen Antwortmöglichkeiten (Anhang 2). Bei der Abfassung der Fragen wurde auf die Möglichkeit eines späteren Vergleichs mit der Marburger Industriearbeiter-Studie und der Göttinger Risiko-, Inzidenz- und Prävalenz-Studie (GRIPS) Wert gelegt.

Der erste Teil der Erhebung bestand aus einer Befragung der Studienteilnehmer selbst, wobei, falls nötig, Erläuterungen zu den standardisierten Fragen gegeben wurden. Die drei Fragenkomplexe umfaßten die subjektive Einschätzung der Arbeitssituation, die Auswirkungen von Streß jeder Genese in Form von Schlafstörungen und den Wandel der sozialen Situation innerhalb der letzten 5 Jahre. Der zweite Teil der Erhebung bestand in einer Befragung der jeweiligen Abteilungsleiter und der Betriebsverwaltung über objektive Arbeitsplatzmerkmale, über die nachgewiesene Schulausbildung der Studienteilnehmer und ihre Position im Betrieb.

Die Befragung wurde an 1169 männlichen Betriebsangehörigen durchgeführt, objektive Daten aus den Betriebsverwaltungen liegen nur für 933 Studienteilnehmer vor, da sich der übrige Teil bereits im Ruhestand befand.

In Abhängigkeit von der Beantwortung der einzelnen Fragen wurden Mittelwerte für Serumlipide, Blutdruck und Gewichtsindex errechnet. Dabei wurde eine Korrektur der Mittelwerte für das Lebensalter, den Nikotin- und Alkoholkonsum und, soweit sinnvoll, auch für das relative Körpergewicht und den Blutdruck vorgenommen. Nach Einführung dieser Parameter als Kovariablen wurden die Least-Square-Means errechnet und die Signifikanz der Unterschiede durch einen T-Test ermittelt.

4.3 Ergebnisse

Die erste Frage nach der subjektiven Einschätzung des Gesundheitszustandes diente nicht nur dazu, das Interesse der Studienteilnehmer an der Untersuchung zu wecken, sondern erlaubt auch eine Einschätzung der Zufriedenheit mit dem allgemeinen Befinden. Fast 30% der Befragten stuften ihren Gesundheitszustand als ziemlich oder sehr schlecht ein, dagegen nur knapp 8% als ziemlich oder sehr gut. In Tabelle 35 sind die Mittelwerte verschiedener Risikoparameter in Abhängigkeit von der Beantwortung dieser Frage aufgeführt.

Tabelle 35. Abhängigkeit verschiedener Risikoparameter von der subjektiven Einschätzung des Gesundheitszustandes (Antwort *1+2* gut; Antwort *3* es geht; Antwort *4+5* schlecht; *Diff.* Differenz der Werte bei Folge- und Basisuntersuchung)

Antwort	n	Chol (mg/dl)	Chol.Diff. (mg/dl)	HDL (mg/dl)	LDL (mg/dl)	LDL/HDL	Trigl (mg/dl)
1+2	92	166	8.7 ⌐*⌐*	51	85	1.75	139
3	729	162	1.9⌙ ⌙	50	83	1.76	137
4+5	348	160	1.5 ⌙	51	82	1.71	129

Antwort	RRsyst (mmHg)	RR.Diff. (mmHg)	BMI (kg/m^2)	BMI.Diff. (kg/m^2)	Zig. (Stck/Tag)	Alkohol (g/Tag)
1+2	123	1.6	21.9	0.8⌐* ⌐***11⌐*		20
3	121⌐**	−0.6	22.1⌐**	0.4⌐** ⌙ 12⌙		18
4+5	123⌙	−0.2	21.5⌙	0.2⌙ ⌙ 13⌙		15

Tabelle 36. Abhängigkeit verschiedener Risikoparameter von der derzeitigen beruflichen Situation (Frage 25) (Antwort *1+2* noch erwerbstätig; *3+4* arbeitslos oder altershalber berentet; *5* krankheitshalber berentet)

Antwort	n	Chol (mg/dl)	Chol.Diff. (mg/dl)	HDL (mg/dl)	LDL (mg/dl)	LDL/HDL	Trigl (mg/dl)
1+2	938	164⌐ ⌐*	2.0	51	84⌐*	1.75	131
3+4	126	158 ⌐	3.7	49	78⌐	1.68	142
5	105	157⌐*	2.4	50	79	1.68	143

Antwort	RRsyst (mmHg)	RR.Diff. (mmHg)	BMI (kg/m^2)	BMI.Diff. (kg/m^2)	Zig. (Stck/Tag)	Alkohol (g/Tag)
1+2	121⌐**	0.3	21.9	0.4	12	16
3+4	124⌐	-1.8	22.0	0.3	13	19
5	122	-1.0	21.1	0.5	13	19

Man erkennt, daß in der Gruppe mit subjektiv schlechtem Gesundheitszustand der Zigarettenkonsum signifikant höher und der Gewichtsindex BMI signifikant niedriger liegt als in der Gruppe mit gutem bzw. mittlerem Gesundheitszustand. Bei der Betrachtung der Änderung im Cholesterinspiegel und im Körpergewicht zwischen 1983 und 1988 fällt auf, daß die höchste Zunahme von Cholesterin und Gewicht in der Gruppe mit gutem Gesundheitszustand, die niedrigste Zunahme in der Gruppe mit schlechtem Gesundheitszustand eingetreten ist.

Die Fragen Nummer 25 bis 34 des Fragebogens (Anhang 2) beschäftigen sich mit der objektiven Kennzeichnung der beruflichen und familiären Situation. Eine genauere Einstufung des Bildungsabschlusses und der Stellung im Betrieb wird durch die Fragen 66 und 67 ermöglicht, die auf Informationen der Betriebsverwaltung beruht.

Tabelle 36 zeigt die Zusammenhänge zwischen der Beantwortung der Frage 25 und den Risikoparametern.

Die derzeitige berufliche Situation wirkt sich insofern aus, als die erwerbsfähigen Studienteilnehmer signifikant höhere Gesamt- und LDL-Cholesterinspiegel im Vergleich zu den nicht mehr erwerbsfähigen Studienteilnehmern aufwiesen. Dies hängt möglicherweise mit einer besseren Nahrungsversorgung der noch erwerbsfähigen Arbeiter zusammen.

Wie schon bei der Basisuntersuchung 1983 wiesen auch jetzt die leitenden Angestellten die höchsten Werte für Gesamt- und LDL-Cholesterin auf (Tabelle 37). Auch die Gruppe der Büroangestellten und Betriebsärzte zeigt einen relativ hohen LDL-Cholesterinspiegel und damit auch einen hohen atherogenen Index LDL/ HDL. Dagegen ist bemerkenswert, daß bei den leitenden Angestellten jetzt ein relativ niedriger Zigaretten- und Alkoholkonsum beobachtet wurde, ein Zeichen dafür, daß die Oberschicht zunehmend ein gesundheitsbewußteres Verhalten annimmt.

Tabelle 37. Zusammenhänge zwischen verschiedenen Risikoparametern und der beruflichen Stellung (Frage 67) (Antwort *1* Fabrikdirektor; *2* Abteilungsleiter; *3* Gruppenleiter; *4* Facharbeiter; *5* Hilfsarbeiter; *6* Ingenieur; *7* Parteisekretär; *8* Arzt)

Antwort	n	Chol (mg/dl)	Chol.Diff. (mg/dl)	HDL (mg/dl)	LDL (mg/dl)	LDL/HDL	Trigl (mg/dl)
1	27	165	3.1	49	87	1.94	143
2+7+8	114	167⌐*	6.1⌐**	50	87⌐*	1.83⌐*	138
3+6	164	164	4.7	⌐* 49	86	⌐* 1.83	⌐* 130
4	690	162⌐	2.2	51	81⌐	1.70⌐	137
5	125	160	-2.1⌐	50	81	1.71	132

Antwort	RRsyst (mmHg)	RR.Diff. (mmHg)	BMI (kg/m^2)	BMI.Diff. (kg/m^2)	Zig. (Stck/Tag)	Alkohol (g/Tag)
1	114⌐	-5.2	22.7	0.7	13	13
2+7+8	122⌐***	-1.5	21.9	0.3	10	17
3+6	121⌐**	-0.3	22.2	0.6⌐**	10	14⌐*
4	122⌐***	0.1	21.8	0.3⌐	13	18
5	122⌐**	1.3	22.0	0.4	15	20⌐

Ähnliche, zum Teil noch deutlichere Zusammenhänge bestehen auch zwischen dem Bildungsabschluß und den Risikoparametern (Tabelle 38). Während mit zunehmend höherer Bildungsstufe auch hier ein Trend zu höheren Gesamt- und LDL-Cholesterinspiegeln besteht, nehmen Zigaretten- und Alkoholkonsum mit höherer Bildungsstufe stetig ab. Die Unterschiede sind in den meisten Fällen hochsignifikant.

Auch die Ausbildung der Ehefrau wirkt sich in der gleichen Richtung aus (Tabelle 39). Die Ehemänner von Frauen mit Universitätsabschluß haben mit Abstand die höchsten Gesamt- und LDL-Cholesterinwerte sowie das höchste Verhältnis LDL/HDL-Cholesterin. Andererseits weisen sie den niedrigsten Zigaretten- und Alkoholkonsum auf.

Keine wesentlichen Unterschiede, außer beim systolischen Blutdruck, bestehen dagegen zwischen Studienteilnehmern mit berufstätigen und mit nicht-berufstätigen Ehefrauen. Allerdings zeigt die relativ kleine Untergruppe mit getrenntem Haushalt im Mittel deutlich höhere Werte für Triglyzeride und systolischen Blutdruck, eine leichte Erhöhung ohne Signifikanz findet sich auch beim Gesamt- und LDL-Cholesterin in dieser Gruppe (Tabelle 40).

Die Intensität der körperlichen Belastung bei der Arbeit hat ebenfalls, wie schon bei der Basisuntersuchung festgestellt wurde, einen signifikanten Einfluß auf die Risikoparameter (Tabelle 41).

In der Gruppe mit der stärksten physischen Belastung finden sich die niedrigsten Werte für Gesamt- und LDL-Cholesterin, aber auch die höchsten Werte für HDL-Cholesterin, so daß ein besonders günstiges Verhältnis LDL/HDL resul-

Tabelle 38. Zusammenhänge zwischen verschiedenen Risikoparametern und der Schulbildung (Frage 66) (Antwort *1* keine Schule; *2* Grundschule; *3* Mittl. Reife; *4* Abitur; *5* Fachhochschule; *6* Universität)

Antwort	n	Chol (mg/dl)	Chol.Diff. (mg/dl)	HDL (mg/dl)	LDL (mg/dl)	LDL/HDL
1	160	163	1.3.	53	82	1.64
2	335	161	4.5	51	81	1.67
3	373	163	2.3	49	84	1.82
4	92	161	-1.2	48	83	1.83
5	120	163	0.4	51	84	1.76
6	47	171	6.0	50	91	1.96

Antwort	RRsyst (mmHg)	RR.Diff. (mmHg)	BMI (kg/m^2)	BMI.Diff. (kg/m^2)	Zig. (Stck/Tag)	Alkohol (g/Tag)
1	122	-0.9	22.0	0.4	14	20
2	121	0.8	21.9	0.3	13	19
3	120	0.0	22.0	0.4	12	14
4	124	-1.4	21.6	0.2	10	15
5	120	-0.3	21.9	0.5	11	16
6	119	-0.4	21.9	0.3	9	13

Tabelle 39. Zusammenhänge zwischen verschiedenen Risikoparametern und der Schulbildung der Ehefrau (Frage 30) (Antwort *1* keine Schule; *2* Grundschule; *3* Mittl. Reife; *4* Abitur; *5* Fachhochschule; *6* Universität)

Antwort	n	Chol (mg/dl)	Chol.Diff. (mg/dl)	HDL (mg/dl)	LDL (mg/dl)	LDL/HDL
1	62	157	0.6	54	77	1.50
2	255	164	4.2	51	83	1.73
3	444	160	1.7	49	81	1.74
4	138	165	2.3	50	84	1.80
5	183	166	1.7	49	86	1.86
6	39	170	4.6	51	92	1.97

Antwort	RRsyst (mmHg)	RR.Diff. (mmHg)	BMI (kg/m^2)	BMI.Diff.	Zig. (Stck/Tag)	Alkohol (g/Tag)
1	123	-0.3	22.1	0.5	17	26
2	123	-0.4	21.7	0.3	14	20
3	121	0.9	22.0	0.4	12	17
4	120	-1.7	22.0	0.3	10	16
5	121	-0.7	22.1	0.4	11	13
6	122	-1.8	21.4	0.4	7	11

Tabelle 40. Abhängigkeit verschiedener Risikoparameter von der beruflichen Situation der Ehefrau und der Art der Haushaltsführung (Fragen 31 und 32). (Antwort *1* Ehefrau voll erwerbstätig; *2+3* nicht oder nur halbtags erwerbstätig) (Antwort *1A* gemeinsamer Haushalt; *2A+3A* getrennte Haushalte)

Antwort	n	Chol (mg/dl)	Chol.Diff. (mg/dl)	HDL (mg/dl)	LDL (mg/dl)	LDL/HDL	Trigl (mg/dl)
1	673	162	2.9	50	83	1.76	130
2+3	454	163	2.4	51	82	1.71	133
1A	1105	162	2.5	51	83	1.73	130 ⌉**
2A+3A	22	172	10.5	49	86	1.83	192 ⌋

Antwort	RRsyst (mmHg)	RR.Diff. (mmHg)	BMI (kg/m²)	BMI.Diff. (kg/m²)	Zig. (Stck/Tag)	Alkohol (g/Tag)
1	120 ⌉**	0.1	21.9	0.4	12	17
2+3	122 ⌋	-0.2	22.0	0.4	13	17
1A	121 ⌉**	0.0	22.0 ⌉*	0.4 ⌉*	13	17
2A+3A	128 ⌋	-0.5	20.5 ⌋	-0.2 ⌋	14	19

Tabelle 41. Abhängigkeit verschiedener Risikoparameter von der körperlichen Belastung am Arbeitsplatz (Frage 58). (Antwort *1* Schwerarbeit; *2* Mittelschwere Arbeit; *3+5* Leichte Arbeit; *4* Büroarbeit)

Antwort	n	Chol (mg/dl)	Chol.Diff. (mg/dl)	HDL (mg/dl)	LDL (mg/dl)	LDL/HDL	Trigl (mg/dl)
1	93	162	1.4	52	84	1.70	135
2	280	160 ⌉**	1.5 ⌉*	51	79 ⌉***	1.64 ⌉***	136
3+5	275	160 ⌋ ⌉**	-0.5 ⌋ ⌉**	50	80 ⌋ ⌉**	1.71 ⌋ ⌉*	135
4	285	167 ⌋	5.7 ⌋	51	86 ⌋	1.83 ⌋	140

Antwort	RRsyst (mmHg)	RR.Diff. (mmHg)	BMI (kg/m²)	BMI.Diff. (kg/m²)	Zig. (Stck/Tag)	Alkohol (g/Tag)
1	120	-3.3	22.3 ⌉*	0.5 ⌉*	15 ⌉**	22
2	122	-0.2	21.6 ⌋ ⌉*	0.3 ⌋	14 ⌋ ⌉**	17
3+5	121	-0.3	21.7 ⌋	0.2 ⌋ ⌉*	13 ⌋	18
4	120	-2.3	22.1	0.5 ⌋	11 ⌋	16

Tabelle 42. Abhängigkeit verschiedener Risikoparameter von Erschwernissen am Arbeitsplatz. (Fragen 59 und 60) (Antwort *1* Lärmbelastung mit Lärmschutzeinrichtungen; *2* Lärmbelastung ohne Lärmschutzeinrichtung; *3* keine Lärmbelastung) (Antwort *1A* andere Erschwernisse am Arbeitsplatz; *2A* keine sonstigen Erschwernisse)

Antwort	n	Chol (mg/dl)	Chol.Diff. (mg/dl)	HDL (mg/dl)	LDL (mg/dl)	LDL/HDL	Trigl (mg/dl)
1	105	162	1.8	51	82	1.73	139
2	312	161	-0.4 ⌐*	50	80	1.71	140
3	516	163	3.8 ⌐	51	83	1.74	135
1A	349	161	1.6	51	81	1.70	136
2A	584	164	2.8	51	83	1.75	138

Antwort	RRsyst (mmHg)	RR.Diff. (mmHg)	BMI (kg/m^2)	BMI.Diff. (kg/m^2)	Zig. (Stck/Tag)	Alkohol (g/Tag)
1	121	0.0	21.9	0.5	13	22 ⌐ ⌐*
2	121	-1.2	22.0	0.3	14 ⌐**	17 *
3	120	-1.4	21.9	0.4	12 ⌐	17 *
1A	121	-1.0	22.1	0.5 ⌐**	14 ⌐**	18
2A	120	-1.3	21.8	0.3	12	17

tiert. Ungünstig wirkt sich dagegen der höhere systolische Blutdruck und der höhere Zigarettenkonsum in der Gruppe der Arbeiter mit mittlerer und starker körperlicher Belastung aus.

Lärmbelastung und sonstige Erschwernisse am Arbeitsplatz stehen in Zusammenhang mit erhöhtem Zigaretten- und Alkoholkonsum, im übrigen konnten keine signifikanten Einflüsse auf die Risikoparameter festgestellt werden (Tabelle 42).

Die Entlohnung erfolgt bisher noch überwiegend durch ein festes Gehalt ohne Leistungszulage. Ein zunehmender Anteil der Arbeiter in China wird neuerdings jedoch nach Arbeitszeit bezahlt, was in der Regel zu einem überdurchschnittlichen Einkommen, aber auch zu hoher Arbeitsbelastung führt. Diese Gruppe (Antwort 3 auf Frage 61) weist die höchste Zunahme von Cholesterinspiegel, Körpergewicht und Blutdruck innerhalb der letzten 5 Jahre auf, den höchsten relativen Gewichtsindex, den höchsten LDL- und den niedrigsten HDL-Cholesterinspiegel (Tabelle 43).

Die Zahl der Überstunden (Frage 62) wirkt sich anscheinend lediglich in einer leichten Erhöhung des Zigarettenkonsums aus, die kleine Gruppe der Kurzarbeiter mit Lohneinschränkung (Frage 63) zeichnet sich durch einen erhöhten Alkoholkonsum aus. Die Einführung neuer Arbeitstechniken (Frage 64) hat keinen Einfluß auf die Risikoparameter.

Tabelle 43. Abhängigkeit verschiedener Risikoparameter von der Art der Entlohnung (Frage 61). (Antwort *1*+*2* Akkord oder nach Arbeitszeit mit Leistungszulage; *3* nach Arbeitszeit ohne Leistungszulage; *4*+*5* Lohn/Gehalt)

Antwort	n	Chol (mg/dl)	Chol.Diff. (mg/dl)	HDL (mg/dl)	LDL (mg/dl)	LDL/HDL	Trigl (mg/dl)
1+2	58	160	4.1 ¬**	50	80	1.72 ¬*	137
3	128	164	15.3 ⌐ ¬***	48 ¬***	87 ¬*	1.96 ¬***	129
4+5	747	163	0.6	51	82	1.70	138

Antwort	RRsyst (mmHg)	RR.Diff. (mmHg)	BMI (kg/m^2)	BMI.Diff. (kg/m^2)	Zig. (Stck/Tag)	Alkohol (g/Tag)
1+2	118	-2.0 ¬*	22.0	0.7 ¬*	14	19
3	119	3.3 ¬**	22.5 ¬*	0.9 ¬***	12	15
4+5	121	-1.7	21.8	0.3	12	18

Der nächste Fragenkomplex (Frage 35 bis 42) erfaßt die subjektive Belastung durch die Arbeitsanforderungen. Hierbei gestaltete sich die Beantwortung durch die Studienteilnehmer schwierig, weil einerseits in einigen Fällen befürchtet wurde, daß eine negative Beantwortung sich möglicherweise ungünstig auswirken könnte. Andererseits haben die Begriffe der Freiwilligkeit und der Zufriedenheit in China eine andere Bedeutung als in unserem Sprachgebiet. So ergaben sich bei der Auswertung dieses Fragekomplexes kaum signifikante Unterschiede in Bezug auf die Risikoparameter. Lediglich diejenige Gruppe, die die gewünschte berufliche Stellung nicht erreicht hatte (50% der Studienteilnehmer), wies einen signifikant höheren Alkoholkonsum auf.

Auch der nächste Fragenkomplex (Frage 40 bis 42), mit dem belastende Ereignisse, Depression und Hoffnungslosigkeit sowie Aufregung und Ärger erfaßt werden sollten, ergab insgesamt wenig Einflüsse auf die Risikoparameter. Die empfundene Intensität von Ärger und Aufregung korrelierte signifikant mit dem Alkoholkonsum.

Die Fragen 46 bis 54 dienten der indirekten Erfassung der Steßbelastung durch eine möglichst exakte Beschreibung von etwaigen Schlafstörungen. Zwischen 7% und 17% der Studienteilnehmer gaben an, oft oder sehr oft unter den verschiedenen Formen von Schlafstörungen zu leiden.

Bei den folgenden Berechnungen wurden nur diejenigen Studienteilnehmer berücksichtigt, deren Schlafstörungen nicht durch äußere Einflüsse (z. B. Lärm) oder bekannte gesundheitliche Störungen verursacht waren. Es wurde ein Score aus den Antworten auf die Fragen 45 bis 51 gebildet, wobei jeweils für die Antwort 1 drei Punkte, die Antwort 2 zwei Punkte und die Antwort 3 ein Punkt vergeben wurden.

Tabelle 44. Abhängigkeit verschiedener Risikoparameter von der Häufigkeit von Schlafstörungen

Score	n	Chol (mg/dl)	Chol.Diff. (mg/dl)	HDL (mg/dl)	LDL (mg/dl)	LDL/HDL	Trigl (mg/dl)
0	295	163	1.4	51	83	1.74	131
1-3	441	164⌐*	4.2⌐**	50	85⌐**	1.79⌐*	137
4-8	343	160⌐	0.8⌐	51	80⌐	1.68⌐	136
9-15	56	158	0	52	79	1.65	125

Score	RRsyst (mmHg)	RR.Diff. (mmHg)	BMI (kg/m^2)	BMI.Diff. (kg/m^2)	Zig. (Stck/Tag)	Alkohol (g/Tag)
0	122⌐*	0.8⌐**	22.2⌐***	0.5⌐*	14⌐*	17
1-3	122	-1.4	22.2 ⌐***	0.5 ⌐**	12	17
4-8	122	0.3	21.4	0.2	12	18
9-15	118	-6.8 ⌐*	22.2	0.3	12	14

Tabelle 44 zeigt Mittelwerte von Risikoparametern in Abhängigkeit von dem so vermittelten Punktwert, wobei die Studienteilnehmer in 4 Gruppen zusammengefaßt wurden. Die Gruppe mit besonders häufigen Schlafstörungen wies die niedrigsten Werte für Gesamt-Cholesterin, LDL-Cholesterin und das Verhältnis LDL/HDL auf.

Auch das relative Körpergewicht und der systolische Blutdruck lagen bei häufigen Schlafstörungen im Mittel niedriger als bei den übrigen Studienteilnehmern. Im übrigen konnten hier keine eindeutigen Einflüsse festgestellt werden.

Mit dem letzten Fragenkomplex (Frage 55 und 56) sollte versucht werden, eine Beurteilung des sozialen Wandels innerhalb der letzten 5 Jahre in China zu ermöglichen. Auch hier kam es zu Verständnisschwierigkeiten bei der Befragung, die Tendenz der Antworten ist jedoch überwiegend positiv. Es konnten im wesentlichen keine Einflüsse auf die Risikoparameter durch die Beantwortung der Fragen ermittelt werden. Lediglich die Gruppe der Studienteilnehmer, die über mehr Abwechselung und Kontakte berichtete, wies einen signifikant höheren Zigaretten- und Alkoholkonsum auf.

Um den Zusammenhang zwischen den verschiedenen verhaltensgebundenen Risiken zu dokumentieren, wurden einzelne Bereiche pro Person zusammengefaßt und durch Vergabe von Punkten in einem Score gewichtet. Der Score konnte 0–4 Punkte erreichen, wobei das Vorhandensein folgender Merkmale mit je einem Punkt gewertet wurde:

1. Zigarettenrauchen (10 oder mehr Zigaretten/Tag),
2. Bewegungsarmut (keine sportliche Betätigung),

Tabelle 45. Häufigkeit der gesundheits-
schädigenden Verhaltensweisen und der
einzelnen Punktwerte des Scores

```
Raucher                  55.8%
Nicht-Sportler           73.1%
Übergewichtige            8.5%
Alkoholkonsumenten       13.2%

Score  0                 12.2%
Score  1                 35.1%  ·
Score  2                 43.4%
Score  3                  9.2%
Score  4                  0.2%
```

3. Übergewicht (Broca-Index über 110%) und

4. starker Alkoholkonsum (40 g oder mehr Alkohol/Tag).

Die Häufigkeit des Vorkommens dieser vier Eigenschaften ist in Tabelle 45 aufgeführt, ebenso die Häufigkeit der einzelnen Punktwerte innerhalb des untersuchten
Kollektivs.

Wie die Abb. 7 zeigt, unterscheiden sich die Mittelwerte des Scores signifikant
zwischen unterschiedlichen Berufsgruppen, Ausbildungsstufen und den unterschiedlichen subjektiven Einschätzungen des Gesundheitszustandes.

Durchgängig kann festgestellt werden, daß mit niedrigerer Ausbildungsstufe,
niedrigerer beruflicher Position und schlechterem Gesundheitszustand das gesundheitsschädigende Verhalten zunimmt.

Bei den folgenden Berechnungen wird der Punktwert für gesundheitsschädigendes Verhalten als Kumrisk (für kumuliertes Risiko) bezeichnet. Zur Beurteilung des Ausmaßes der beruflichen Unzufriedenheit wurde ein weiterer Score aus
den Antworten auf die Fragen 36, 37, 39, 41, 43 und 44 gebildet, in dem für jede
einschlägige Antwort ein Punkt vergeben wurde, so daß maximal 6 Punkte möglich waren. Daraus wurden 2 Gruppen mit niedrigem (0−2 Punkte) und hohem
Score (3−5 Punkte) gebildet. Tabelle 46 zeigt die Häufigkeit der zwei Gruppen
sowie die altersstandardisierten Mittelwerte für Cholesterin, Blutdruck, den Score
für das gesundheitsschädigende Verhalten (Kumrisk) sowie den Broca-Index und
den Alkoholkonsum.

Es zeigt sich, daß trotz gewisser Vorbehalte bezüglich der Beantwortung der
Fragen immerhin 17% der Studienteilnehmer eine deutliche berufliche Unzufriedenheit zum Ausdruck gegeben haben. Ein signifikanter Unterschied zwischen
den zwei Gruppen besteht für die aufgeführten Risikoparameter nicht.

Ein weiterer Score wurde zur Beurteilung des Ausmaßes der psychischen Erschöpfung aus den Antworten auf die Fragen 45, 46, 47, 50, 51, 52 und 53 gebildet, auch hier wurde wieder für jede einschlägige Antwort ein Punkt vergeben.
Tabelle 47 zeigt die altersstandardisierten Mittelwerte der Risikoparameter für die

Schulbildung

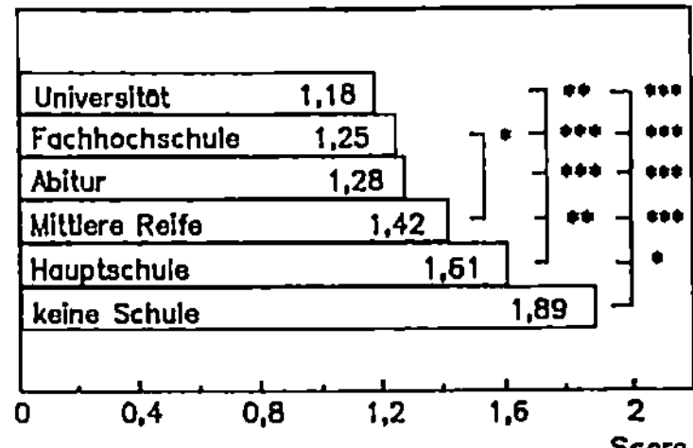

Berufliche Stellung

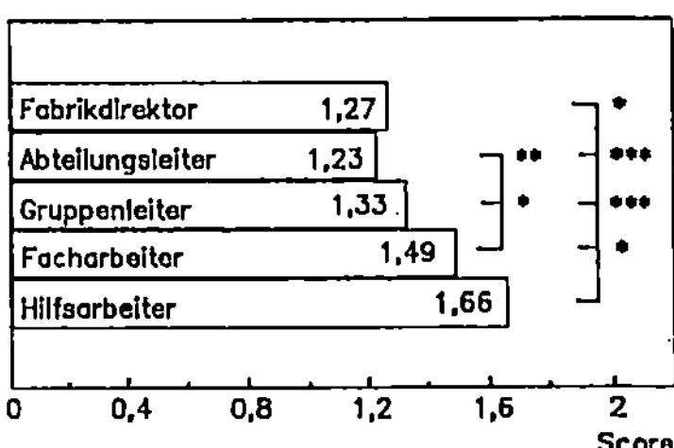

Subjektive Einschätzung des
Gesundheitszustandes

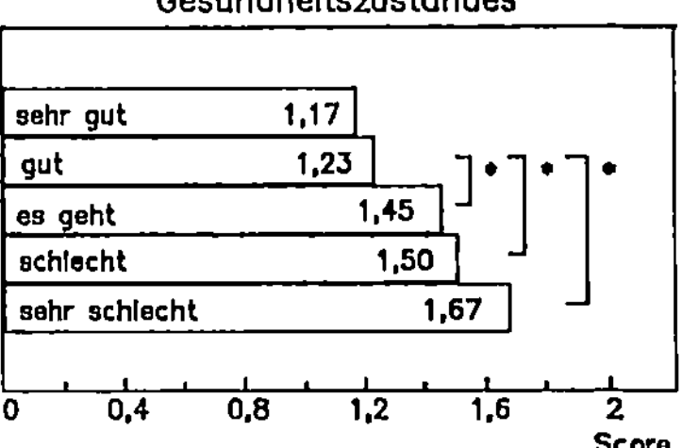

Abb. 7. Mittelwert des Scores für gesundheitsschädigendes Verhalten in Abhängigkeit von Schulbildung, Stellung im Betrieb und subjektiver Einschätzung des Gesundheitszustandes

Tabelle 46. Abhängigkeit verschiedener Risikoparameter vom Score für berufliche Unzufriedenheit

Score	n	%	Chol	RRsys	RRdia	Kumrisk	Broca	Alkohol
0-2	967	83	159	123	81	1.44	92	16
3-5	202	17	158	122	80	1.48	91	17

Tabelle 47. Abhängigkeit verschiedener Risikoparameter vom Score für psychische Erschöpfung

Score	n	%	Chol	RRsys	RRdia	Kumrisk	Broca	Alkohol
0-2	983	84	159	123	81	1.51	92	16
3-7	185	15	152	119	79	1.44	90	18

zwei Gruppen mit niedrigem und hohem Score, hier konnten jedoch ebenfalls keine signifikanten Unterschiede festgestellt werden.

4.4 Zusammenfassende Bewertung

Aus den beschriebenen Ergebnissen wird deutlich, daß sich auch in China deutliche Zusammenhänge zwischen gesundheitsschädigendem Verhalten und sozioökonomischer Situation feststellen lassen. Dies gilt insbesondere für verhaltensbezogene Risiken und hier in erster Linie für den Zigaretten- und den Alkoholkonsum, der mit fallender beruflicher Stellung bzw. Bildungsniveau und niedrigerem Bildungsniveau der Ehefrau deutlich zunimmt. Zum Teil wird dieses gesundheitsschädigende Verhalten durch erhöhte Arbeitsbelastungen erklärbar, so zum Beispiel bei von den Betroffenen angeführter körperlicher Belastung, der Lärmbelastung und weiteren Erschwernissen bei der Arbeit. Der Alkoholkonsum ist ferner abhängig davon, ob Kurzarbeit ausgeübt wurde und ob die berufliche Stellung, die gewünscht wurde, auch erreicht worden ist.

Die hier unseres Wissens erstmals für China aufgezeigten Zusammenhänge sind für die praktische Prävention von Bedeutung. Sie unterstreichen die Notwendigkeit, gesundheitserzieherische Maßnahmen auch nach der jeweiligen Arbeits- und Ausbildungssituation zu spezifizieren und den sozio-kulturell und sozio-ökonomisch benachteiligten Gruppen besonders intensive Betreuungsangebote zukommen zu lassen [52].

Bei den Risikoindikatoren Gesamt- und LDL-Cholesterin findet sich dagegen eine positive Abhängigkeit von den Variablen Bildung, berufliche Position, Bildungsniveau der Ehefrau sowie Schichtarbeit. Dies steht im Gegensatz zu verschiedenen Untersuchungsergebnissen in westlichen Industrieländern, u. a. auch zu den bisherigen Ergebnissen der Göttinger und der Marburger Industriearbeiterstudie.

Um diesen Gegensatz interpretieren zu können, sollte man sich vergegenwärtigen, daß die nerval und humoral vermittelten Einflüsse durch chronische Streßerfahrungen erst bei fortgeschrittener Grundschädigung bzw. durchschnittlich erhöhten Lipidwerten (veränderte Ernährung!) zum Tragen kommen. Dies ist sowohl in tierexperimentellen Studien [31] wie auch in epidemiologischen Analysen [42] belegt worden. Bei den insgesamt sehr niedrigen Cholesterinwerten in China dürften daher die im Sinne eines Synergismus wirkenden Streßbelastungen kaum zum Tragen kommen. Betrachtet man den in unseren Daten dargestellten positiven Zusammenhang beispielsweise zwischen Bildungsniveau und Lipidstatus, so kann durchaus erwartet werden, daß die Herzinfarktrate in den nächsten Jahren vorerst in den höheren Schichten ansteigen wird und daß erst mit einer Verbesserung des Lebensstandards, insbesondere einer fleisch- und fettreichen Ernährung die gegenwärtig in westlichen Ländern beobachtete inverse Beziehung zwischen Herzinfarktinzidenz und sozio-ökonomischer Lage zu beobachten sein wird.

Für gewisse Interaktionseffekte zwischen psycho-sozialen Belastungen, Ernährung und Lipidstatus in den besser gestellten Schichten sprechen immerhin vereinzelte Befunde unserer Studie: Die in der Einführung erwähnten Ergebnisse aus der Framingham-Studie, nach denen ein erhöhtes Bildungsniveau der Ehefrau, insbesondere bei getrennter Haushaltsführung, mit einem erhöhten kardiovaskulären Risiko der Ehemänner einhergeht, scheinen auch für das chinesische Untersuchungskollektiv von Bedeutung zu sein. Die bisherigen Resultate zeigen in dieser Gruppe besonders hohe Gesamt- und LDL-Cholesterinwerte, ein hohes Verhältnis LDL/HDL-Cholesterin und hohe systolische Blutdruckwerte.

Ergänzend zu diesen Ausführungen soll hier festgehalten werden, daß die besonders niedrigen Cholesterinwerte bei chinesischen Arbeitern mit niedrigem Bildungsniveau und niedriger beruflicher Stellung durch den engen finanziellen Spielraum mit entsprechend niedrigem Fleischkonsum erklärbar sind. Dagegen haben die Führungskräfte sowohl durch ihr höheres Einkommen als auch durch die Möglichkeit, häufig an offiziellen Festessen teilzunehmen, eine im Durchschnitt höhere Fleisch- und damit auch Cholesterinzufuhr. Da die Serumcholesterinwerte in dieser Gruppe höher, nach westlichen Maßstäben jedoch immer noch sehr niedrig liegen, besteht in der Regel bisher keine Veranlassung einer diätischen Einschränkung.

Da die beschriebenen psycho-sozialen Faktoren erstmals bei der jetzt durchgeführten Folgeuntersuchung erhoben wurden, kann ihr Einfluß auf die Inzidenz koronarer bzw. kardiovaskulärer Neuerkrankungen z. Zt. nicht überprüft werden. Diese Frage sollte durch eine geplante weitere Untersuchungswelle der Stichprobe nach Ablauf von fünf Jahren beantwortet werden.

5 Kinder und Jugendliche

5.1 Einführung

Die Arteriosklerose ist eine Erkrankung, die sich über mehrere Jahrzehnte entwickelt, bevor es zu klinischen Zeichen wie Angina pectoris oder Herzinfarkt kommt [59]. Anhand von Autopsie-Studien an Kindern und Jugendlichen konnten in vielen Fällen frühe Läsionen an den Gefäßinnenwänden festgestellt werden, die zwar nicht zwangsläufig, aber bei Vorhandensein von Risikofaktoren mit großer Wahrscheinlichkeit zur späteren Entstehung von Gefäßeinengungen führen [25].

Es wird daher eine zunehmende Tendenz erkennbar, Präventionsmaßnahmen nicht erst im Erwachsenenalter oder gar nach Eintritt eines Herzinfarktes einzuleiten [44]. Vielmehr sollten Methoden der Früherkennung bereits bei Kindern und Jugendlichen mit entsprechender familiärer Belastung zur Anwendung kommen, um gefährdete Personen möglichst erfolgreich vor dem Eintritt eines Herzinfarktes schützen zu können [35].

Von besonderem Interesse ist hier wegen seiner überragenden Risikofaktorfunktion die Höhe des Gesamt- und LDL-Cholesterinspiegels. Es ist bereits bei Neugeborenen möglich, familiäre Formen von Hyperlipidämien festzustellen und einer entsprechenden Behandlung zuzuführen. Die Häufigkeit der Hyperlipoproteinämie von Typ II (erhöhte Werte für Gesamt- bzw. LDL-Cholesterin) wurde im Jahr 1974 durch eine Untersuchung an 1323 deutschen Neugeborenen und einjährigen Kindern mit etwa 3% ermittelt [23]. Neben den erblichen Formen, die mit einer Häufigkeit von 0,1% bis 0,2% veranschlagt werden [3], kommt es zu einem weit größeren Anteil von bereits im frühen Kindesalter auftretenden ernährungsbedingten Hypercholesterinämien [6]. Während der Mittelwert für Gesamtcholesterin bei Neugeborenen um 60 mg/dl liegt, steigt er bereits in den ersten 3 Lebenstagen um 50% und erreicht in Deutschland bis zum Ende des 1. Lebensjahres einen Mittelwert von 170 mg/dl [23, 33]. Dieser Wert liegt bereits deutlich höher als bei den in den vorigen Abschnitten erwähnten 40−60jährigen Chinesen.

Um nähere Informationen über den Altersverlauf der Lipidwerte in China zu erhalten, haben wir eine Gruppe von 8−9jährigen Schuljungen sowie von 15−25jährigen Jugendlichen untersucht und die Ergebnisse mit entsprechenden Resultaten aus der Bundesrepublik Deutschland verglichen.

5.2 Methoden

5.2.1 Studienteilnehmer

In einer Grundschule in Wuhan wurden 57 männliche Schüler im Alter von 8 und 9 Jahren untersucht. Die erhobenen Daten umfaßten Blutdruck, Gewicht und Größe sowie eine Blutabnahme nach mehr als 12stündiger Nahrungskarenz mit Bestimmung von Gesamt- und HDL-Cholesterin sowie der Triglyzeride.

Zum Vergleich diente eine von uns im Jahre 1985 durchgeführte Untersuchung an 2 Grundschulen in der Nähe von Heidelberg. Hierbei wurden 47 männliche Schüler, ebenfalls im Alter von 8 und 9 Jahren, untersucht.

Die Gruppe der Jugendlichen und jungen Erwachsenen umfaßt 358 junge Männer und 185 Frauen im Alter von 15 bis 25 Jahren aus einer ländlichen Region in der chinesischen Provinz Henan, die nördlich von Wuhan gelegen ist. Dieses Kollektiv war Gegenstand einer Untersuchung über das Vorkommen von Ösophaguskarzinomen bei Nachkommen von erkrankten Personen[1].

Das Ösophaguskarzinom kommt in Teilen der Provinz Henan außergewöhnlich häufig vor. Bei 166 der insgesamt 543 Studienteilnehmer handelt es sich um Angehörige von solchen Patienten, die übrigen 377 Teilnehmer dienten als Kontrollgruppe. Das Untersuchungsprogramm der Studie umfaßte einen Fragebogen über Eigen- und Familienanamnese sowie Ernährungs- und Rauchgewohnheiten. Daneben wurde eine ausführliche klinische Untersuchung einschließlich Ösophago-Gastroskopie durchgeführt. Eine Venenblutabnahme erfolgte nach mindestens 12stündiger Nahrungskarenz, ein Teil des Blutserums wurde unmittelbar nach Separation bei −20°C eingefroren, nach Wuhan transportiert und dort innerhalb von 4 Wochen untersucht.

5.2.2 Labormethoden

Die Cholesterinmessungen wurden enzymatisch nach der CHOD-PAP-Methode durchgeführt [51]. Die Bestimmung von HDL-Cholesterin erfolgte nach Präzipitation von LDL und VLDL mittels Phosphowolframat (Firma Boehringer, Mannheim). Die Werte für LDL-Cholesterin wurden nach der Friedewald-Formel [20] errechnet. Die Bestimmung der Triglyzeride erfolgte mittels der Peridochrom-Methode (Firma Boehringer, Mannheim). Die photometrischen Messungen wurden an einem Eppendorf-Photometer (PCP-6121) vorgenommen.

---

[1] Für die Überlassung der Serum-Proben und der Untersuchungsdaten sind wir Herrn Prof. Dr. J. Wahrendorf vom Deutschen Krebsforschungszentrum Heidelberg zu großem Dank verpflichtet.

5.2.3 Statistische Methoden

Die Berechnungen wurden mit Hilfe des Statistical Analysis System (SAS) erstellt
[43]. Da im Altersbereich zwischen 15 und 25 Jahren eine relativ starke Abhängigkeit der untersuchten Parameter vom Lebensalter besteht, wurde das Kollektiv ge-
trennt nach Geschlecht in 2-Jahres-Altersgruppen eingeteilt. Das Alter wurde als
Störvariable berücksichtigt und zur Feststellung der Signifikanz von Mittelwertsunterschieden die Least-Square-Means berechnet.

5.3 *Ergebnisse*

In Tabelle 48 sind Mittelwerte sowie 5. und 95. Perzentilen der Untersuchungsbefunde bei 8–9jährigen Schuljungen dargestellt.

Man erkennt, daß bereits in diesem Alter ein deutlicher Unterschied zwischen
chinesischen und deutschen Kindern in Bezug auf den Gesamt- und LDL-Cholesterinspiegel besteht. Dagegen unterscheiden sich die HDL-Cholesterinwerte ähnlich wie bei den Erwachsenen nicht wesentlich voneinander. Bei den chinesischen
Schulkindern wurde zusätzlich eine direkte LDL-Cholesterinmessung mittels selektiver LDL-Präzipitation [64] vorgenommen. Es konnte hier kein Unterschied
zu den mittels der Friedewald-Formel abgeschätzten LDL-Werten festgestellt werden.

Im Gegensatz zu den deutlichen Unterschieden im Gesamt- und LDL-Cholesterinspiegel bestehen keine wesentlichen Unterschiede bei Serumtriglyzeriden und
Gewichtsindex zwischen dem chinesischen und dem deutschen Kollektiv.

Die bei der Gruppe der Jugendlichen und jungen Erwachsenen erhobenen Befunde sind in Tabelle 49 zusammengestellt.

Hier stammen die deutschen Vergleichswerte aus der in Münster durchgeführten PROCAM-Studie an Industriearbeitern [3]. Man erkennt, daß die mittleren

Tabelle 48. Lipidwerte und Körperdaten von 8–9jährigen Schuljungen in China und
Deutschland; Mittelwerte, 5. und 95. Perzentilen

	China (n=57)			BRD (n=47)		
	MW	5 %	95 %	MW	5 %	95 %
Chol. (mg/dl)	125	96	151	180	155	226
HDL-Chol.(mg/dl)	48	31	64	46	33	57
LDL-Chol.(mg/dl)	65	44	85	120	95	170
Trigl.(mg/dl)	59	34	102	62	39	103
Größe (cm)	131	122	142	139	130	150
Gewicht (kg)	27	22	34	32	25	43
BMI (kg/m^2)	15.5	13.5	18.7	16.3	13.7	20.0

Tabelle 49. Lipidwerte von 15−24jährigen Jugendlichen in China und Deutschland (3);
Mittelwerte, 5. und 95. Perzentilen

| | Männer 15-19 Jahre | | | | | |
| | China (n=176) | | | BRD (n=89) | | |
	MW	5 %	95 %	MW	5 %	95 %
Chol. (mg/dl)	116	83	160	152	119	199
HDL-Chol.(mg/dl)	43	28	68	43	32	57
LDL-Chol.(mg/dl)	54	31	88	93	62	140
Trigl.(mg/dl)	96	44	185	81	41	142

| | Männer 20-24 Jahre | | | | | |
| | China (n=176) | | | BRD (n=89) | | |
	MW	5 %	95 %	MW	5 %	95 %
Chol. (mg/dl)	125	90	175	169	127	213
HDL-Chol.(mg/dl)	42	28	62	43	28	69
LDL-Chol.(mg/dl)	62	34	95	106	70	151
Trigl.(mg/dl)	105	48	182	100	42	208

| | Frauen 15-19 Jahre | | | | | |
| | China (n=116) | | | BRD (n=83) | | |
	MW	5 %	95 %	MW	5 %	95 %
Chol. (mg/dl)	132	93	187	170	129	213
HDL-Chol.(mg/dl)	44	29	65	48	29	67
LDL-Chol.(mg/dl)	67	34	110	105	67	140
Trigl.(mg/dl)	108	48	197	87	40	151

| | Frauen 20-24 Jahre | | | | | |
| | China (n=61) | | | BRD (n=185) | | |
	MW	5 %	95 %	MW	5 %	95 %
Chol. (mg/dl)	145	95	234	177	129	227
HDL-Chol.(mg/dl)	50	35	76	51	33	71
LDL-Chol.(mg/dl)	75	36	130	108	67	148
Trigl.(mg/dl)	99	47	182	86	41	155

Cholesterinwerte der 15−19jährigen Männer niedriger als bei den 8−10jährigen
Schulkindern liegen. Im späteren Alter erfolgt dann wieder ein Anstieg von
Gesamt- und LDL-Cholesterin. Bei den weiblichen Studienteilnehmern liegen die
Werte sowohl für Gesamt- als auch für LDL- und HDL-Cholesterin höher als bei
den Männern.

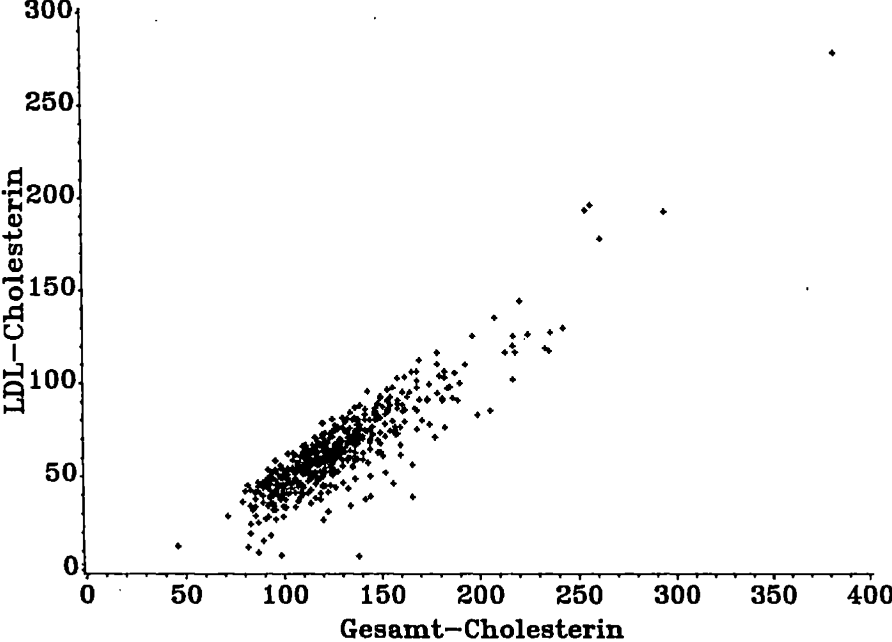

Abb. 8. Einzelwerte für Gesamt- und LDL-Cholesterin bei 545 jungen Chinesen im Alter von 15−25 Jahren

Der Vergleich mit den entsprechenden deutschen Untersuchungsergebnissen zeigt auch hier erhebliche Unterschiede zwischen Gesamt- und LDL-Cholesterin bei beiden Geschlechtern. Dagegen sind die HDL-Cholesterinwerte in beiden Ländern annährend gleich. Auch bei den Triglyzeridwerten bestehen keine wesentlichen Unterschiede.

Trotz relativ niedriger Mittelwerte liegen die Werte der 95. Perzentile in dem chinesischen Kollektiv zum Teil recht hoch. Bei der Verteilung der Gesamt- und LDL-Cholesterinwerte (Abb. 8) fällt auf, daß 5 Studienteilnehmer außergewöhnlich hohe Werte aufwiesen und sich damit deutlich von dem übrigen Kollektiv absetzten.

Die Gesamtcholesterinwerte liegen bei dieser Untergruppe zwischen 255 und 384 mg/dl, die LDL-Cholesterinwerte zwischen 180 und 278 mg/dl. In der Gruppe der 40−59jährigen lag dagegen der höchste gemessene Gesamtcholesterinwert bei nur 289 mg/dl, ein Wert, der sich bei den allgemein etwas höheren Cholesterinwerten nicht wesentlich von der Gruppe der übrigen Erwachsenen unterscheidet.

In anderen Einzelfällen wurden auch stark erhöhte Triglyzeridwerte bis über 700 mg/dl festgestellt, so daß für diesen Parameter die Werte der 95. Perzentile ebenfalls relativ hoch liegen. Die Ernährungsgewohnheiten der Studienteilnehmer mit diesen zum Teil massiv erhöhten Lipidwerten unterscheiden sich nicht wesentlich von dem übrigen Kollektiv.

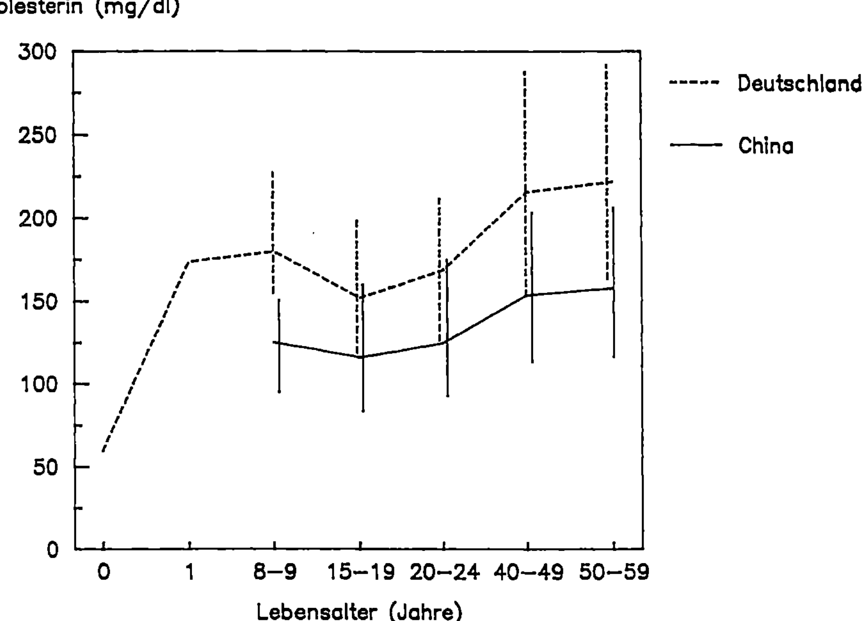

Abb. 9. Altersabhängigkeit von Gesamtcholesterin bei Männern (Mittelwerte, 5. und 95. Perzentile)

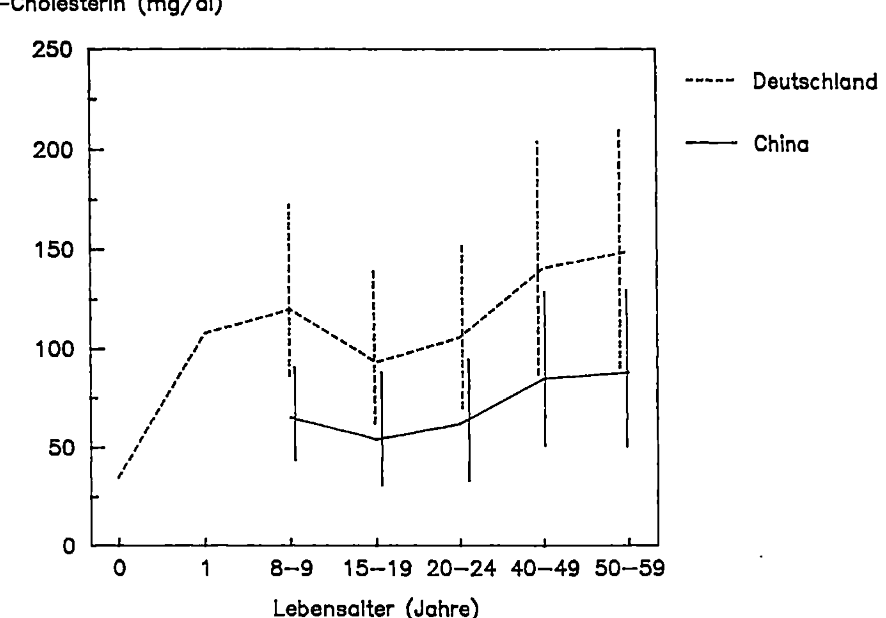

Abb. 10. Altersabhängigkeit von LDL-Cholesterin bei Männern (Mittelwerte, 5. und 95. Perzentile)

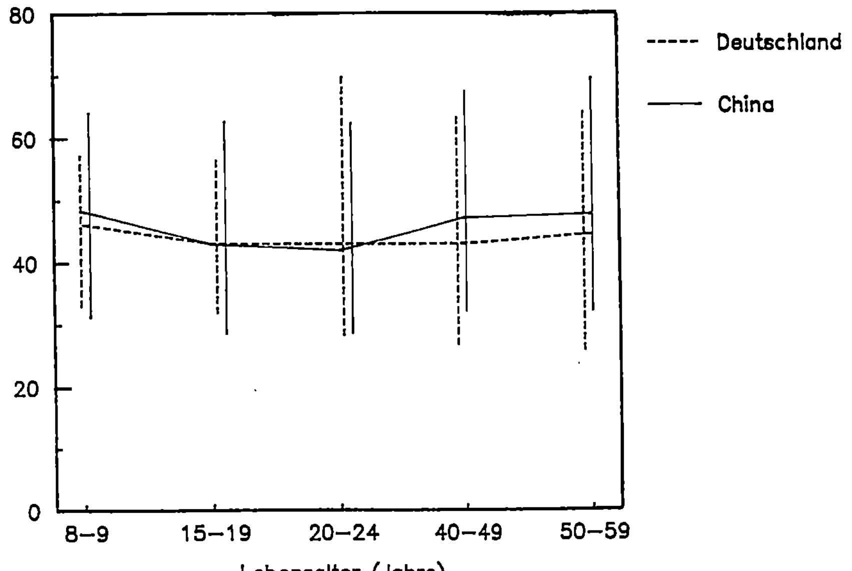

Abb. 11. Altersabhängigkeit von HDL-Cholesterin bei Männern (Mittelwerte, 5. und 95. Perzentile)

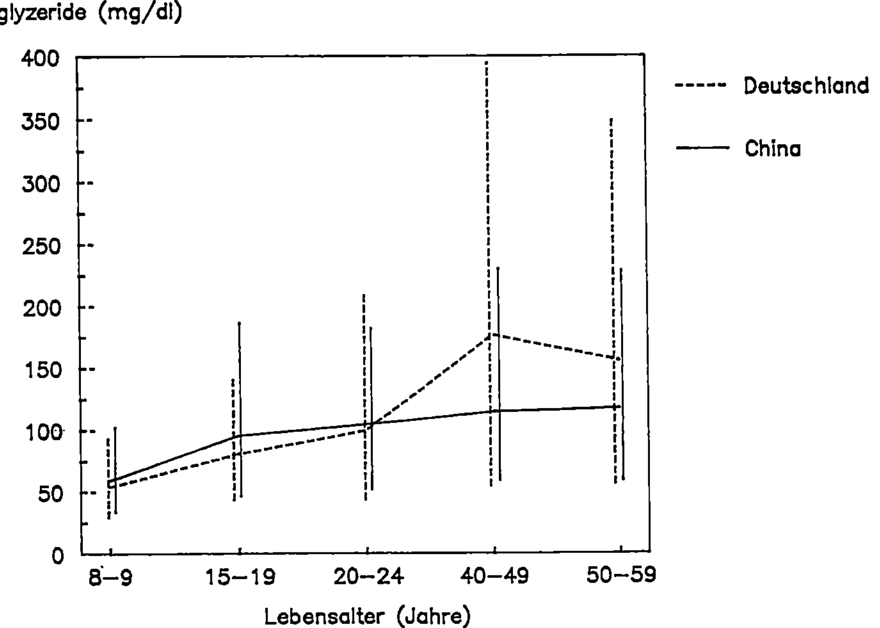

Abb. 12. Altersabhängigkeit von Triglyzeriden bei Männern (Mittelwerte, 5. und 95. Perzentile)

Man muß daher annehmen, daß auch in China familiäre Formen von Hyperliproteinämien vorkommen, deren Träger möglicherweise auf Grund frühzeitiger arteriosklerotischer Komplikationen nicht das Lebensalter von 40–60 Jahren erreichen.

In den Abb. 9–12 ist der Altersverlauf von Gesamt-, LDL-, und HDL-Cholesterin sowie der Triglyzeride im Zusammenhang dargestellt.

Die Daten für die Neugeborenen und die einjährigen Kinder stammen aus der Arbeit von Greten et al. [23], die übrigen Daten aus Deutschland sind der PRO-CAM-Studie entnommen [3]. Die Lipidwerte der 40–60jährigen Chinesen wurden der in den vorigen Abschnitten beschriebenen Industriearbeiterstudien in Wuhan entnommen, die hier verwendeten HDL-Cholesterinwerte wurden ebenfalls durch Präzipitation mit Phosphowolframat ermittelt und die LDL-Cholesterinwerte anhand der Friedewald-Formel abgeschätzt.

Man erkennt bei den deutschen Kindern einen starken Anstieg der Lipidwerte während des ersten Lebensjahres. Für chinesische Neugeborene wurden Gesamtcholesterinwerte von 76 mg/dl ermittelt [67], so daß hier ein ähnlicher, wenn auch nicht so starker Anstieg während der ersten Lebensjahre stattfindet. Im Alter von 8 Jahren besteht ein deutlicher Unterschied zwischen deutschen und chinesischen Kindern bei Gesamt- und LDL-Cholesterin. Mit steigendem Lebensalter laufen die Kurven in beiden Ländern weitgehend parallel, wobei es zunächst zu einem vorübergehenden Absinken der Werte während der Pubertät kommt.

Dieser Effekt, der auch an amerikanischen Jugendlichen beobachtet wurde, steht vermutlich in Zusammenhang mit Umstellungen im Sexualhormonstoffwechsel [7].

Nach dem 20. Lebensjahr steigen die Werte für Gesamt- und LDL-Cholesterin in Deutschland deutlich steiler an als in China, so daß im Erwachsenenalter mittlere Gesamtcholesterinwerte über 200 mg/dl erreicht werden, während in China sich die Werte auf einem relativ niedrigen Niveau um 150 mg/dl halten.

Im Gegensatz zu den enormen Unterschieden bei Gesamt- und LDL-Cholesterin sind die HDL-Cholesterinwerte (Abb. 11) in beiden Ländern weitgehend identisch und ändern sich auch nicht wesentlich im Altersbereich zwischen 8 und 60 Jahren. Die Triglyzeridwerte (Abb. 12) liegen bei Kindern und Jugendlichen in beiden Vergleichsländern ebenfalls in gleicher Höhe. Zwischen dem 24. und dem 40. Lebensjahr kommt es dann in Deutschland zu einem stärkeren Anstieg der Mittelwerte als in China. Wie die 95. Perzentilen zeigen ist dieser Anstieg durch einen größeren Anteil von stark erhöhten Triglyzeridwerten in Deutschland bedingt.

Betrachtet man die Lipidwerte und den Gewichtsindex der 15- bis 25jährigen Chinesen in Abhängigkeit von der Familienanamnese, (Tabelle 50), so finden sich im wesentlichen keine signifikanten Unterschiede der altersstandardisierten Mittelwerte. Insbesondere weisen die Studienteilnehmer mit Karzinomerkrankungen in der Familie keine niedrigeren Cholesterinwerte im Vergleich zu den übrigen Teilnehmern auf. Wegen der insgesamt sehr niedrigen Werte für Gesamt- und LDL-Cholesterin in dem Kollektiv sollten aus diesem Befund jedoch keine weiteren

Tabelle 50. Altersstandardisierte Mittelwerte für Lipide und Body-Mass-Index in Abhängigkeit von der Familienanamnese

Ösophagus Karzinom in der Familie

	Männer			Frauen		
	Positiv (n=86) MW	Negativ (n=272) MW	p-Wert	Positiv (n=64) MW	Negativ (n=121) MW	p-Wert
Chol. (mg/dl)	122	124	NS	140	137	NS
HDL-Chol.(mg/dl)	44	42	NS	48	47	NS
LDL-Chol.(mg/dl)	58	61	NS	73	68	NS
Ratio LDL/HDL	1.43	1.50	NS	1.54	1.57	NS
Trigl.(mg/dl)	99	107	NS	102	109	NS
BMI (kg/m^2)	20.8	20.9	NS	21.6	21.6	NS

Andere Krebserkrankungen in der Familie

	Männer			Frauen		
	Positiv (n=15) MW	Negativ (n=343) MW	p-Wert	Positiv (n= 8) MW	Negativ (n=177) MW	p-Wert
Chol. (mg/dl)	130	123	NS	121	139	NS
HDL-Chol.(mg/dl)	40	43	NS	47	47	NS
LDL-Chol.(mg/dl)	66	60	NS	60	70	NS
Ratio LDL/HDL	1.72	1.47	NS	1.38	1.50	NS
Trigl.(mg/dl)	131	104	NS	69	108	*
BMI (kg/m^2)	21.5	20.9	NS	22.4	21.5	NS

Herzinfarkt in der Familie

	Männer			Frauen		
	Positiv (n= 4) MW	Negativ (n=354) MW	p-Wert	Positiv (n= 2) MW	Negativ (n=183) MW	p-Wert
Chol. (mg/dl)	137	123	NS	116	138	NS
HDL-Chol.(mg/dl)	48	43	NS	39	47	NS
LDL-Chol.(mg/dl)	61	60	NS	50	70	NS
Ratio LDL/HDL	1.38	1.48	NS	1.27	1.50	NS
Trigl.(mg/dl)	143	105	NS	134	106	NS
BMI (kg/m^2)	21.2	20.9	NS	21.6	21.6	NS

NS nicht signifikant; * p<0,05.

Rückschlüsse gezogen werden. Auch eine positive Familienanamnese in Bezug auf
Herzinfarkt zeigt keine signifikanten Einflüsse, dies ist allerdings bei der geringen
Zahl der positiven Fälle kaum zu erwarten.

Dagegen finden sich deutliche Zusammenhänge zwischen Lipidwerten, Blutdruck und Gewichtsindex (Tabelle 51).

Die Gruppe der Männer mit höheren Blutdruckwerten weist signifikant höhere
Werte für Triglyzeride, Body-Mass-Index sowie bei schwacher Signifikanz auch
für den Gesamtcholesterinspiegel auf. Bei den Frauen konnten dagegen hier keine
signifikanten Einflüsse festgestellt werden. Insgesamt lagen die Blutdruckwerte
allerdings relativ niedrig; die angenommenen Grenzwerte von 125 mmHg für den
systolischen und 85 mmHg für den diastolischen Blutdruck sind nicht als Grenze
zum pathologischen Bereich zu betrachten. Jedoch kann eine Tendenz zur Häufung von mehreren Risikofaktoren auf einzelne Personen zumindest bei Männern
auch in China festgestellt werden. Besonders deutliche Zusammenhänge finden
sich zwischen dem Body-Mass-Index und den Lipidwerten, die mit Ausnahme des
HDL-Cholesterin bei beiden Geschlechtern in der Gruppe mit relativ hohem Gewichtsindex erhöht gefunden wurden.

Ein Teil der durchgeführten Untersuchung beschäftigte sich mit der Erhebung
der Ernährungsgewohnheiten, wobei nach der Häufigkeit des Verzehrs bestimm-
ter Lebensmittel gefragt wurde. Für die Höhe der Lipidwerte sind von besonderem
Interesse der Fleisch- und Eierkonsum sowie der Verzehr von Sojabohnenprodukten, der mit einer Senkung der Cholesterinwerte einhergehen soll [54]. Die entsprechenden Zusammenhänge in dem chinesischen Kollektiv sind in Tabelle 52
aufgeführt.

Man erkennt zunächst, daß die Bewohner dieser ländlichen Region sich in ihren
Ernährungsgewohnheiten ganz erheblich von den Deutschen unterscheiden. Etwa
die Hälfte der Probanden verzehrt nicht häufiger als einmal pro Monat Schweine-
oder Rindfleisch. Dennoch bestehen bei den Männern signifikante Einflüsse auf
Gesamt- und LDL-Cholesterinspiegel sowie den Gewichtsindex, in der Gruppe
der Frauen konnten dagegen bei den Fleischkonsumenten keine höheren Lipidwerte festgestellt werden. Die Häufigkeit des Eierverzehrs hat bei beiden Geschlechtern eine geringfügige steigernde Wirkung auf Gesamt- und HDL-Cholesterinspiegel. Die Häufigkeit des Verzehrs von Sojabohnenprodukten korreliert
dagegen negativ mit Gesamt- und LDL-Cholesterinspiegel sowie dem Verhältnis
LDL/HDL-Cholesterin. Die Unterschiede sind allerdings hier nur bei den Frauen
signifikant.

5.4 Zusammenfassung

Trotz der außergewöhnlich niedrigen Mittelwerte für Gesamt- und LDL-Cholesterin in dem chinesischen Kollektiv können tendenziell die gleichen Zusammenhänge zwischen Ernährungsgewohnheiten, Körpergewicht, Blutdruck und Lipidwerten, wie sie aus den westlichen Industrieländern bekannt sind, festgestellt werden.

Tabelle 51. Altersstandardisierte Mittelwerte für Lipide und Body-Mass-Index in Abhängigkeit von den Untersuchungsbefunden

Systolischer Blutdruck 125 mmHg oder höher

	Männer			Frauen		
	Positiv (n=17) MW	Negativ (n=341) MW	p-Wert	Positiv (n= 5) MW	Negativ (n=180) MW	p-Wert
Chol. (mg/dl)	129	123	NS	130	138	NS
HDL-Chol.(mg/dl)	43	43	NS	45	47	NS
LDL-Chol.(mg/dl)	58	60	NS	60	70	NS
Ratio LDL/HDL	1.38	1.49	NS	1.31	1.50	NS
Trigl.(mg/dl)	160	102	***	130	106	NS
BMI (kg/m^2)	21.5	20.9	NS	22.5	21.6	NS

Diastolischer Blutdruck 85 mmHg oder höher

	Männer			Frauen		
	Positiv (n=13) MW	Negativ (n=345) MW	p-Wert	Positiv (n= 5) MW	Negativ (n=180) MW	p-Wert
Chol. (mg/dl)	137	123	(*)	137	138	NS
HDL-Chol.(mg/dl)	42	43	NS	44	47	NS
LDL-Chol.(mg/dl)	65	60	NS	68	70	NS
Ratio LDL/HDL	1.59	1.48	NS	1.52	1.50	NS
Trigl.(mg/dl)	184	102	***	126	106	NS
BMI (kg/m^2)	22.4	20.9	**	22.4	21.6	NS

Body-Mass-Index 23 kg/m^2 oder höher

	Männer			Frauen		
	Positiv (n=51) MW	Negativ (n=307) MW	p-Wert	Positiv (n=32) MW	Negativ (n=153) MW	p-Wert
Chol. (mg/dl)	132	122	*	150	135	(*)
HDL-Chol.(mg/dl)	41	43	NS	49	47	NS
LDL-Chol.(mg/dl)	66	59	(*)	81	67	*
Ratio LDL/HDL	1.68	1.45	*	1.67	1.45	*
Trigl.(mg/dl)	137	100	***	134	107	NS

NS nicht signifikant; (*) p<0,1; * p<0,05; ** p<0,01; *** p<0,001.

Tabelle 52. Altersstandardisierte Mittelwerte für Lipide und Body-Mass-Index in Abhängigkeit von Ernährungsgewohnheiten

Schweine- oder Rindfleisch häufiger als 1 mal pro Monat

	Männer			Frauen		
	Positiv (n=233) MW	Negativ (n=125) MW	p-Wert	Positiv (n=83) MW	Negativ (n=100) MW	p-Wert
Chol. (mg/dl)	125	120	(*)	139	138	NS
HDL-Chol.(mg/dl)	43	42	NS	46	48	NS
LDL-Chol.(mg/dl)	62	57	*	71	68	NS
Ratio LDL/HDL	1.51	1.44	NS	1.56	1.44	NS
Trigl.(mg/dl)	106	102	NS	107	107	NS
BMI (kg/m^2)	21.1	20.5	**	21.8	21.4	NS

Eier, mindestens 1 mal im Monat

	Männer			Frauen		
	Positiv (n=332) MW	Negativ (n= 25) MW	p-Wert	Positiv (n=162) MW	Negativ (n= 21) MW	p-Wert
Chol. (mg/dl)	124	117	NS	140	124	(*)
HDL-Chol.(mg/dl)	43	39	(*)	48	43	(*)
LDL-Chol.(mg/dl)	60	59	NS	71	61	NS
Ratio LDL/HDL	1.47	1.59	NS	1.46	1.50	NS
Trigl.(mg/dl)	106	96	NS	107	104	NS
BMI (kg/m^2)	20.9	20.5	NS	21.6	21.2	NS

Tofu (Sojabohnenprodukt) mindestens 1 mal im Monat

	Männer			Frauen		
	Positiv (n=225) MW	Negativ (n= 20) MW	p-Wert	Positiv (n=110) MW	Negativ (n= 22) MW	p-Wert
Chol. (mg/dl)	121	127	NS	132	144	(*)
HDL-Chol.(mg/dl)	42	41	NS	45	49	NS
LDL-Chol.(mg/dl)	60	66	NS	66	73	*
Ratio LDL/HDL	1.49	1.67	NS	1.47	1.56	*
Trigl.(mg/dl)	104	98	NS	105	114	NS
BMI (kg/m^2)	21.8	21.1	NS	21.7	21.5	NS

NS nicht signifikant; (*) p< 0,1; * p< 0,05; ** p<0,01.

Es besteht eine Tendenz zur Häufung mehrerer Risikofaktoren auf einzelne Personen. Bei etwa 1% der Studienteilnehmer wurden deutlich erhöhte Werte für Gesamt- und LDL-Cholesterin (Hpyerlipoproteinämie Typ IIa), bei weiteren 3,5% erhöhte Triglyzeridwerte (HLP Typ IV) festgestellt.

Ob diese Stoffwechselstörungen in China mit einem erhöhten Herzinfarkt-Risiko einhergehen, kann nach den Erfahrungen aus anderen Ländern vermutet werden, eine entsprechende chinesische Untersuchung liegt uns jedoch bisher nicht vor. Es ist allerdings auffällig, daß innerhalb der viermal so großen Population der Erwachsenen-Studie in Wuhan keine Fälle mit deutlich erhöhten Cholesterinwerten aufgefunden wurden. Eine mögliche Erklärung für diesen Befund wäre die Annahme, daß in China nur wenige Träger einer familiären Hypercholesterinämie das späte Erwachsenenalter erreichen.

Auch der Altersverlauf der Lipidwerte in China ähnelt dem Verlauf, wie er aus Deutschland, bzw. den USA bekannt ist. Es ist anzunehmen, daß der Abstand zwischen der deutschen und der chinesischen Verlaufskurve bei Gesamt- und LDL-Cholesterin den Einfluß der unterschiedlichen Ernährungsweise in beiden Ländern wiedergibt.

6 Diskussion und Zusammenfassung

Bei der vorliegenden Studie handelt es sich um die erstmalige Durchführung einer vergleichenden Prospektivuntersuchung zwischen China und Deutschland über das Auftreten von Herzinfarkten und anderen Erkrankungen in Abhängigkeit von dem bei Studienbeginn bestehenden Risikoprofil. Die Ergebnisse der 5-Jahres-Nachuntersuchung bestätigen im wesentlichen chinesische Mortalitätsstatistiken, nach denen Herzinfarkte und andere ischämische Herzkrankheiten selten im Vergleich zu westlichen Ländern vorkommen [34, 66]. In dem vorliegenden Kollektiv, das aus 1656 Männern im Alter von 40−59 Jahren bestand, ereigneten sich innerhalb von 5 Jahren 3 tödliche und 4 nichttödliche Herzinfarkte, in dem deutschen Vergleichskollektiv kam es im gleichen Zeitraum 3mal so häufig zu tödlichen und 7,5mal so häufig zu nichttödlichen Infarktereignissen. Deutlich niedrigere Inzidenzen wurden in China auch für nichttödliche Fälle von koronarer Herzerkrankung und für die periphere arterielle Verschlußkrankheit festgestellt. Die Inzidenz von tödlichen und nichttödlichen Hirngefäßerkrankungen lag dagegen in China eineinhalb mal so hoch wie in Deutschland, wobei es sich in etwa 50% der Fälle um Hirnembolien handelte.

Der Vergleich der bekannten kardiovaskulären Risikofaktoren ergab in China signifikant niedrigere Werte für Gesamt-, LDL- und VLDL-Cholesterin, Apolipoprotein B, Triglyzeride, Harnsäure, relativen Gewichtsindex und diastolischen Blutdruck. Der Anteil der Raucher lag dagegen in China deutlich höher als in der Bundesrepublik. Bei der Bedeutung der Risikofaktoren für die Entwicklung eines Herzinfarktes ergaben sich bedeutsame Unterschiede zwischen beiden Ländern. Während in Deutschland Gesamt- und LDL-Cholesterin sich als die aussagekräftigsten Diskriminatoren zwischen Infarkt- und Referenzgruppe erwiesen, hatten diese beiden Parameter in China keinen wesentlichen Einfluß auf die Höhe des Risikos. Der Grund dafür dürfte darin zu suchen sein, daß in China Cholesterinwerte über 200 mg/dl nur äußerst selten vorkommen. Das Ziel von Präventionsbemühungen in den westlichen Industrienationen − z.B. der Konsensuskonferenz der Europäischen Atherosklerose Gesellschaft von 1986 [18] − eine Senkung der Cholesterinspiegel auf Werte unter 200 mg/dl zu erreichen, ist damit in China bereits erfüllt. Unterhalb dieser Grenze konnte in Anbetracht der sehr geringen Herzinfarktzahlen kein Einfluß der Höhe des Cholesterinspiegels auf das Risiko nachgewiesen werden.

Dagegen wurden in der chinesischen Infarktgruppe signifikant höhere Werte für Blutdruck, Gewichtsindex, Harnsäure und das Verhältnis LDL/HDL-Cholesterin festgestellt. Der Gewichtsindex und der Harnsäurespiegel hatten in Deutschland dagegen keinen wesentlichen risikoerhöhenden Einfluß.

Eine soeben veröffentlichte Studie aus Tianjin (Nordchina) [47] ergab allerdings bei einem Vergleich von 115 Herzinfarkt-Patienten mit gesunden Kontrollpersonen deutlich höhere Werte für Gesamt- und LDL-Cholesterin, Triglyzeride und Apolipoprotein B in der Infarktgruppe. Hierbei ist jedoch zu berücksichtigen, daß sich die beiden Vergleichskollektive auch deutlich im Lebensalter, im Körpergewicht und in den systolischen Blutdruckwerten unterschieden. Immerhin liegen die dort festgestellten Werte mit 189 mg/dl für Gesamtcholesterin und 113 mg/dl für LDL-Cholesterin bei den männlichen Infarktpatienten in einem nach europäischen Maßstäben immer noch sehr niedrigen Bereich.

Während in Deutschland eine Verminderung des Herzinfarktrisikos in erster Linie über eine Senkung von Gesamt- und LDL-Cholesterinspiegeln erzielt werden kann, scheint in China eine weitere Senkung der ohnehin niedrigen Cholesterinwerte nicht erforderlich zu sein. Bei dem allgemein seltenen Vorkommen von kardiovaskulären Risikofaktoren in China erscheint auch eine allgemeine Bevölkerungsstrategie zur Prävention wenig sinnvoll. Eine Ausnahme bildet das Zigarettenrauchen, das bei chinesischen Männern weit verbreitet ist und in vielen Fällen noch immer als gesellschaftliche Pflicht angesehen wird. Darüber hinaus könnte das geringe Herzinfarktrisiko in China durch das Auffinden von Fällen mit erhöhtem Blutdruck und Übergewicht und eine entsprechende Behandlung vermindert werden. Diese Maßnahmen hätten gleichzeitig einen wesentlich stärkeren Effekt bei der Verminderung des Risikos für Hirngefäßerkrankungen, der häufigsten Todesursache in China. Hier erwies sich erhöhter Blutdruck als der überragende Risikofaktor, jedoch lagen auch der Gewichtsindex und das Verhältnis LDL/HDL-Cholesterin in der Inzidenz-Gruppe signifikant höher als in der Kontrollgruppe.

Die Gruppe der chinesischen Krebspatienten wies bei der Basisuntersuchung außergewöhnlich niedrige Werte für Cholesterin (135,5 mg/dl) und LDL-Cholesterin (78 mg/dl) auf. Wegen des für die Entwicklung einer Krebserkrankung noch relativ kurzen Beobachtungszeitraumes kann bisher nicht entschieden werden, ob diese niedrigen Werte das Risiko einer Krebserkrankung erhöhen oder ob sie lediglich eine bereits bestehende Krebserkrankung anzeigen. Ein wichtiges Ergebnis dieser Studie ist jedoch auch die Tatsache, daß trotz der insgesamt wesentlich niedrigeren Cholesterinwerte in China die Zahl der Krebserkrankungen nicht höher liegt als in Deutschland.

Die erneute Erhebung der Risikofaktoren bei der Nachuntersuchung nach Ablauf von 5 Jahren ergab keine wesentlichen Änderungen im Vergleich zur Erstuntersuchung. Dies ist insofern bemerkenswert, als während dieser Zeit auf einigen Gebieten Verbesserungen der wirtschaftlichen Situation zu beobachten waren. Es konnte jedoch anhand einer erneuten Ernährungsbefragung gezeigt werden, daß der wirtschaftliche Aufschwung zumindest in der untersuchten Altersgruppe von 40−60 Jahren nicht zu einer Änderung der Ernährungsgewohnheiten geführt hat. Die chinesische Nahrungszusammensetzung ist traditionell tief verwurzelt. Die

Hauptbestandteile sind Reis und Gemüse sowie Soyabohnenprodukte. Der niedrige Konsum von Fleisch und anderen tierischen Produkten dürfte die hauptsächliche Ursache für die niedrigen Serumcholesterinspiegel sein.

Die bei der Nachuntersuchung erhobenen psycho-sozialen Faktoren, die möglicherweise einen Einfluß auf die Häufigkeit der koronaren Herzerkrankungen haben, ergaben deutliche Zusammenhänge zwischen gesundheitsschädigendem Verhalten und sozio-ökonomischer Situation. Mit niedrigerer beruflicher Stellung und niedrigerem Bildungsniveau nehmen Zigaretten- und Alkoholkonsum sowie Übergewicht und Bewegungsarmut zu. Ein von der Situation in westlichen Ländern abweichender Zusammenhang besteht zwischen der Höhe von Gesamt- und LDL-Cholesterin und der Höhe der Bildungsstufe und der beruflichen Position. Es ist anzunehmen, daß die höhere Stellung mit größerem finanziellen Spielraum einen höheren Fleischanteil an der Nahrung ermöglicht, so daß sich in dieser Gruppe höhere Cholesterinwerte finden. Ob dies auf einem vergleichsweise niedrigem Niveau zu einer Risikoerhöhung führt, kann erst durch eine weitere Nachuntersuchung festgestellt werden.

Die Untersuchung des Altersverlaufs der Lipidwerte in China und Deutschland ergab, daß bereits im Alter von 8 Jahren deutliche Unterschiede in der Höhe des Gesamt- und LDL-Cholesterinspiegeln zwischen den beiden Vergleichsgruppen bestehen. Während bei deutschen Kindern bereits in vielen Fällen erhöhte Cholesterinwerte vorliegen, was eine frühzeitige und beschleunigte Entwicklung der Atherosklerose fördern kann, besteht diese Gefahr bei chinesischen Kindern und Jugendlichen mit mittleren Gesamtcholesterinwerten um 120 mg/dl kaum. Es konnten jedoch auch in China vereinzelt Jugendliche mit deutlich erhöhten Cholesterin- und Triglyzeridwerten ermittelt werden, wobei es sich vermutlich um familiäre Stoffwechselstörungen handelt. Die positive Korrelation zwischen Lipidwerten, Blutdruck und Körpergewichtsindex zeigt, daß auch in China eine Tendenz zur Häufung von Risikofaktoren auf bestimmte Personen beobachtet werden kann.

Insgesamt sind die Ergebnisse der Studie ein weiterer Beweis für die Richtigkeit des Risikofaktorenkonzeptes bei der Entwicklung der Atherosklerose. Aus zahlreichen experimentellen Untersuchungen zur Pathogenese der atherosklerotischen Gefäßschädigungen ist bekannt, daß zur Schädigung der Gefäßwand eine Ablagerung von überschüssigem LDL-Cholesterin unumgänglich notwendig ist. Wenn, wie es in China überwiegend der Fall ist, die Konzentration von Gesamt- bzw. LDL-Cholesterin im peripheren Blut einen gewissen niedrigen Stellenwert unterschreitet, kommt es trotz Vorliegen weiterer Risikofaktoren wie Bluthochdruck und Zigarettenrauchen nicht oder nur sehr langsam zur Entwicklung der Atherosklerose.

Auch die eingangs zitierten Ergebnisse der Framingham-Studie konnten zeigen, daß bei sehr niedrigen Serumcholesterinspiegeln der schädigende Einfluß weiterer Risikofaktoren relativ gering ist (Abb. 1). Der überwiegende Teil der Chinesen bewegt sich jedoch mit Cholesterinwerten um 150 mg/dl in einem Bereich, der in amerikanischen und europäischen Studien mangels ausreichender Teilnehmerzahlen kaum untersucht werden kann. Insofern kann das untersuchte chinesische Kollektiv als Modell für eine Population dienen, die durch eine überwiegend pflanzliche Ernährungsweise ein ausgesprochen günstiges Risikoprofil erzielt, das auch tatsächlich mit einer sehr niedrigen Rate von Herzinfarkten, koronarer Herzerkrankung und peripherer arterieller Verschlußkrankheit verbunden ist.

Für die Bevölkerung der westlichen Industrienationen läßt sich daraus der Schluß ziehen, daß durch eine vernünftige und ausgewogene Ernährung mit reduziertem Anteil an tierischen Produkten, insbesondere Fetten, eine erhebliche Reduktion der wichtigsten kardiovaskulären Risikofaktoren möglich ist, ohne daß hierdurch gleichzeitig ein vermehrtes Auftreten anderer Erkrankungen, z. B. Krebs, befürchtet werden muß.

7 Anhang

Anhang 1. Fragebogen der Wuhan-Studie 1982/83

Hat sich Ihr Gewicht im letzten Jahr geändert?

      ____   nein
      ____   zugenommen
      ____   abgenommen
      ____   nicht bekannt

Nehmen Sie lipidsenkende Medikamente ein?

      ____   nein
      ____   Ja

welche ____________________________

Nehmen Sie andere Medikamente ein?

      ____   nein
      ____   Ja

welche ____________________________

Halten Sie eine spezielle Diät ein?   Wenn ja, welche?

  __ Kalorienarm   __ Diabetes Diät

  __ Cholesterinarm   __ Fettarm

  __ Salzarm   __ Purinarm

  __ Andere

Rauchen Sie zur Zeit Zigaretten?

        __ Ja

        __ Nein

Wenn nein, haben Sie früher geraucht?   _____

Wann haben Sie mit dem Rauchen aufgehört?   _____

Wie viele Zigaretten am Tag rauchen Sie?   _____

Wie lange rauchen Sie schon, bzw. haben Sie geraucht? _____

Treiben Sie Sport?   __ ja   __ nein

Wenn ja, wie oft?

    __ Täglich
    __ 2-4 mal pro Woche
    __ einmal pro Woche

Trinken Sie alkoholhaltige Getränke?   __ ja   __ nein

Wenn ja, wie oft?

    __ Täglich
    __ 2-4 mal pro Woche
    __ einmal pro Woche

Welche alkoholhaltigen Getränke trinken Sie überwiegend?

    __ Bier
    __ Wein
    __ Schnaps
    __ andere

Leiden Sie an Bluthochdruck?

        __ Ja
        __ Nein
        __ Weiß nicht

Wenn ja, seit wann bekannt   ______ Lebensjahr

höchste Blutdruckwerte   __________

Wurden Sie in letzter Zeit wegen des Hochdrucks behandelt?

        __ Ja
        __ Nein
        __ Zeitweise

Wenn ja, Womit?   ________________________________

Leiden Sie an Zuckerkrankheit?

           Ja
        __ Nein

Wenn ja, seit wann bekannt?   ____

Höchster Nüchternblutzuckerwert?   ____

Wurden Sie in letzter Zeit wegen der Zuckerkrankheit behandelt?

Wenn ja, womit?

     Diät ____   Tabletten ____   Insulinspritzen ____

        ggf. Tabletten ___

Hatten Sie einen Schlaganfall

        __ Ja
        __ Nein
        __ Weiß nicht

Wenn ja, waren Sie deshalb im Krankenhaus?   ______

Wie alt waren Sie?   ____

Hatten Sie einen Herzinfarkt?   __ ja   __ nein

Wenn ja, wie viele?   ____

in welchem Alter?   ____

Wie lange liegt das letzte Infarktereignis zurück?   ____

Ist bei Ihnen eine periphere Durchblutungsstörung (Raucherbein)
ärztlich festgestellt worden?

                      __ Ja   __ Nein

Treten beim Gehen Schmerzen in den Beinen auf?

                    __ Nein
                    __ links
                    __ rechts
                    __ beiseitig

Seit wann bestehen die Beschwerden?   ____ (Lebensjahr)

Wie verhalten Sie sich beim Auftreten der Schmerzen?

____ Weitergehen, weil der Schmerz erfahrungsgemäß von selbst
      nachläßt

____ Stehenbleiben, bis die Schmerzen sich gebessert haben.

____ Weitergehen, obwohl der Schmerz dabei gewöhnlich nicht
      nachläßt

Haben Sie eines der folgenden Herzleiden?

____   angeborener Herzfehler

____   Rheumatischer Klappenfehler

____   Koronare Herzkrankheit (Mindesdurchblutung Herzkrank-
        gefäße

Wenn ja, seit welchem Lebensjahr bekannt?   ____

Werden Sie deswegen behandelt?   ____

Wenn ja, womit?   ______________________

Hatten Sie jemals Schmerzen, Druckgefühle oder andere
Mißempfindungen in der Herzgegend?

Wenn ja, seit wann?   _____ (Lebensjahr)

Wann treten die Beschwerden auf?

___ Überwiegend bei körperlicher Belastung oder unmittelbar
    danach?

___ Überwiegend bei Aufregung oder unmittelbar danach?

___ Bei unterschiedlichen Gelegenheiten, aber nicht in völliger
    Ruhe?

___ Auch bei völliger Ruhe (z.B. nachts im Schlaf)

Hatten oder haben Sie ernsthafte Krankheiten, wegen denen Sie
ärztlich behandelt werden mußten?

Art der Erkrankung, Beginn, Dauer, Art der Behandlung

Lebt Ihr Vater noch?

______ Jetziges Alter bzw. Sterbealter

Todesursache?

__ Unfall   __ Krebsleiden
__ Schlaganfall   __ Herzinfarkt
__ sonstiges   __ Weiß nicht

Litt Ihr Vater an

__ Herzinfarkt   __ anderen Herzbeschwerden?
__ Schlaganfall   __ Bluthochdruck
__ Zuckerkrankheit   __ erhöhten Blutfetten

Lebt Ihre Mutter noch?

______ Jetziges Alter bzw. Sterbealter

Todesursache?

__ Unfall   __ Krebsleiden
__ Schlaganfall   __ Herzinfarkt
__ sonstiges   __ Weiß nicht

Litt Ihre Mutter an

__ Herzinfarkt   __ anderen Herzbeschwerden?
__ Schlaganfall   __ Bluthochdruck
__ Zuckerkrankheit   __ erhöhten Blutfetten

Wieviele Geschwister haben Sie?

____ Brüder   ____ Schwestern

Wieviele sind gestorben?   ____

Todesursachen?

Wieviele Ihrer Geschwister litten an

        ____ Herzinfarkt

        ____ Schlaganfall

        ____ Bluthochdruck

        ____ Zuckerkrankheit

        ____ erhöhten Blutfetten

Anhang 2. Fragebogen der Wuhan-Studie 1988

Probandennummer : ▄▄▄▄

                    Jahr Monat Tag

Untersuchungsdatum: 1988 ▄▄ ▄▄

Geburtsdatum: 19▄▄ ▄▄ ▄▄

1
Wie beurteilen Sie Ihren derzeitigen Gesundheitszustand?

sehr gut	▫	1.6%
ziemlich gut	▫	6.3%
es geht	▫	62.7%
ziemlich schlecht	▫	27.8%
sehr schlecht	▫	1.6%

2
Leben Sie zur Zeit Diät?

Ja   ▫ 12.2 %

Nein   ▫ 87.8 %

3
Weshalb halten Sie Diät?

▫ um Gewicht abzunehmen	12.8%
▫ wegen erhöhter Harnsäure / Gichtleiden	0.7%
▫ wegen Zuckerkrankheit / Diabetes mellitus	0.7%
▫ wegen erhöhter Blutfettwerte	6.0%
▫ wegen Leber- bzw. Galleleiden	1.3%

(weitere Antwortmöglichkeiten nächste Seite)

4
Weshalb halten Sie Diät?

▫ wegen Magen- bzw. Darmerkrankungen	18.8%
▫ wegen Bluthochdruck	7.4%
▫ wegen allgemein gesundheitsgewusster Lebensweise	21.5%
▫ aus sonstigen Gründen	16.8%
Kombinationen	14.1%

5

Wie lange halten Sie Ihre derzeitige Diät schon ein?

◼◼◼ Monate

6

Wie oft treiben Sie Sport?

◻ täglich   18.4%
◻ 3 - 6 x pro Woche   2.7%
◻ 1 - 2 x pro Woche   6.0%
◻ seltener oder nie   72.9%

7

Haben Sie jemals Zigaretten, Zigarren oder Pfeife regelmässig
(d.h. mindestens 1 mal täglich über einen Zeitraum von wenigstens
einem Jahr) geraucht?

Ja ◻   76.4%

Nein ◻   23.6%

8

Wie alt waren Sie, als Sie begonnen haben, regelmäßig – wenn
auch nur in kleinen Mengen – zu rauchen?

◼◼ Jahre

9

Rauchen Sie zur Zeit noch regelmässig?

Ja   ◻ 82.1%

Nein   ◻ 17.9%

10

Wieviel rauchen Sie jetzt gewöhnlich pro Tag?

Anzahl pro Tag

Zigaretten mit Filter   ◼◼
Zigaretten ohne Filter   ◼◼
Zigarren,   ◼◼
Pfeife   ◼◼

11

Inhalieren Sie zur Zeit tief beim Rauchen?

Nein, überhaupt nicht   ◻ 13.7%
Ich inhaliere mäßig   ◻ 62.9%
Ich inhaliere stark   ◻ 23.4%

12
Wieviel haben Sie früher pro Tag geraucht?

Anzahl pro Tag

Zigaretten mit Filter	▭▭
Zigaretten ohne Filter	▭▭
Zigarren,	▭▭
Pfeife	▭▭

13
In welchem Lebensjahr haben Sie letztmals geraucht?

▭▭ Lebensjahr

14
Haben Sie beim Rauchen tief inhaliert?

Nein, überhaupt nicht ▭ 10.8%
Ich habe mäßig inhaliert ▭ 68.9%
Ich habe stark inhaliert ▭ 20.4%

15
Wie oft trinken Sie Bier und in welcher Menge?

täglich	▭.▭▭ Liter
2-4 x pro Woche	▭.▭▭ Liter
1 x pro Woche oder seltener	▭.▭▭ Liter
nie	▭

16
Wie oft trinken Sie Wein und in welcher Menge?

täglich	▭.▭ Liang
2-4 x pro Woche	▭.▭ Liang
1 x pro Woche oder seltener	▭.▭ Liang
nie	▭

17
Wie oft trinken Sie Schnaps und in welcher Menge?

täglich	▭.▭ Liang
2-4 x pro Woche	▭.▭ Liang
1 x pro Woche oder seltener	▭.▭ Liang
nie	▭

18
Waren Sie im Zeitraum 1983 - 1988 in einem Krankenhaus bzw. einer
Kurklinik in Behandlung?

Nein ▭ 73.5%
Ja, im Krankenhaus ▭ 25.2%
Ja, in einer Kurklinik ▭ 1.3%

19

Hatten Sie im Zeitraum 1983 - 1988 eine oder mehrere der
folgenden   Krankheiten?

Jahr

		n	%
Herzschmerzen, Herzanfälle, Angina pectoris	198 ◘	80	6.6
Herzinfarkt	198 ◘	1	0.1
Schlaganfall	198 ◘	11	0.9
Durchblutungsstörungen im Bein	198 ◘	15	1.3

Bitte machen Sie auf dem Fragebogen nähere Angaben zu Art, Dauer
und Häufigkeit der Schmerzen, zum Anlaß des Auftretens und zur Art
der medizinischen Behandlung.

(Krankenhausaufenthalte, Medikamente?)

20

Jahr

		n	%
Herzrhythmusstörungen	198 ◘	98	8.0
andere Herzkrankheiten	198 ◘	12	1.0
Leberkrankheiten	198 ◘	61	5.0
Gallenleiden	198 ◘	24	1.9

21

Jahr

		n	%
Magen- bzw. Darmerkrankungen	198 ◘	120	9.8
Lungenleiden	198 ◘	72	5.8
Schilddrüsenerkrankungen	198 ◘	2	0.2
Nierenkrankheiten	198 ◘	43	3.4

22

Jahr

		n	%
Krebsleiden	198 ◘	2	0.2
Gicht	198 ◘	3	0.3
Zuckerkrankheit	198 ◘	2	0.2
erhöhte Blutfette	198 ◘	21	1.7

23

Jahr

		n	%
Bluthochdruck	198 ◘	87	7.2
Rückenschmerzen	198 ◘	62	4.9
Rheuma	198 ◘	86	6.3
sonstige Erkrankungen	198 ◘	143	11.7

24
Hatten Sie im Zeitraum 1983 - 1988 eine oder mehrere der
folgenden Operationen?

	Jahr	n	%
Bypass-Operation am Herz	198 ◘	0	0
sonstige Herzoperationen	198 ◘	1	0.1
Bypass-Operation am Bein	198 ◘	4	0.3
sonstige Operationen	198 ◘	73	6.0

25
Wie ist Ihre derzeitige berufliche Situation?

◘ voll erwerbsfähig   77.1%
◘ teilzeitbeschäftigt   2.9%
◘ arbeitslos   0.1%
◘ altershalber berentet   11.3%
◘ krankheitshalber berentet   8.6%

26
Seit wann sind Sie arbeitslos bzw. erwerbsunfähig oder berentet?

weniger als 1 Jahr   ◘ 12.6%
länger als 1 Jahr   ◘ 87.4%

27
Welchen Beruf üben Sie aus oder welchen Beruf haben Sie zuletzt
ausgeübt?

◘ Arbeiter   61.8%
◘ Angestellter   5.2%
◘ Kader   32.1%
◘ Arzt   0.9%

28
Welchen höchsten Bildungsabschluß haben Sie?

◘ Keinen   5.6%
◘ Grundschule   22.4%
◘ Unterstufe Mittelschule 38.6%
◘ Oberstufe Mittelschule   11.7%
◘ Mittel/Fachschule   11.4%
◘ Studium   10.3%

29
Wie ist Ihr Familienstand?

◘ ledig   0.5%
◘ verheiratet 96.4%
◘ geschieden   0.7%
◘ verwitwet   2.4%

Anzahl der Kinder: ◘◘

30
Welchen höchsten Bildungsabschluß hat Ihre Ehefrau?

- ■ Keinen   14.1%
- ■ Grundschule   29.5%
- ■ Unterstufe Mittelschule   33.0%
- ■ Oberstufe Mittelschule   8.0%
- ■ Mittel/Fachschule   11.3%
- ■ Studium   4.1%

31
Ist Ihre Ehefrau berufstätig?

- ■ ja, voll erwerbstätig   60.2%
- ■ ja, teilerwerbstätig   1.7%
- ■ nein, nicht erwerbstätig   38.1%

32
Führen Sie mit Ihrer Ehefrau einen gemeinsamen Haushalt?

- ■ ja   98.1%
- ■ ja, aber nur an Wochenenden bzw. gelegentlich   0.6%
- ■ nein, wir führen getrennte Haushalte   1.4%

33
Haben Sie eine Berufsausbildung gemacht?

- ■ Meisterprüfung   5.6%
- ■ abgeschlossenen Lehre   16.6%
- ■ keine abgeschlossene Lehre,   12.9%
  aber betrieblich angelernt
- ■ andere Berufsausbildung   22.9%
- ■ keine Berufsausbildung   42.0%

34
Wie würden Sie Ihre derzeitige berufliche Tätigkeit beschreiben?
Die körperliche Belastung bei meiner Arbeit ist

leicht ■   32.4%
mittel ■   23.4%
stark ■   8.8%
keine körperliche Belastung ■   35.3%

35
Haben Sie die berufliche Stellung erreicht, die Sie erreichen
wollten?

Ja   ■   50.0%
Nein ■   50.0%

36
Haben Sie Ihren Arbeitsplatz schon einmal unfreiwillig wechseln
müssen?

- ja, und dabei habe ich mich beruflich verbessert   15.2%
- ja, und dabei habe ich mich beruflich nicht verbessert   7.8%
- nein, ich mußte meinen Arbeitsplatz nie unfreiwillig   77.1%
  wechseln

37
Gibt es für Sie hier genügend Möglichkeiten, sich beruflich weiter
zu qualifizieren?

- Ja   6.7%
- Nein   79.4%
- Weiß nicht 13.9%

38
Wie zufrieden sind Sie mit Ihrem Gehalt?

Sehr zufrieden   ▫   2.1%
zufrieden   ▫   44.5%
teils-teils   ▫   32.9%
eher unzufrieden   ▫   17.6%
gar nicht zufrieden   ▫   2.9%

39
Ist in den letzten 12 Monaten Ihre Arbeit mehr geworden bzw. der
Zeitdruck angewachsen?

ja   ▫   21.8%
nein ▫   78.2%

40
Wie stark fühlen Sie sich dadurch belastet?

Sehr stark   ▫   6.0%
stark   ▫   31.5%
mittel   ▫   45.7%   von 21.8%
schwach   ▫   10.9%
gar nicht   ▫   6.0%

41
Ist in den letzten 12 Monaten Ihre Verantwortung bei der Arbeit
größer geworden oder die Arbeit schwieriger geworden?

Ja   ▫   23.2%
Nein ▫   76.8%

42
Wie stark fühlen Sie sich dadurch belastet?

Sehr stark	◘	3.2%
stark	◘	29.9%
mittel	◘	47.5% von 23.2%
schwach	◘	10.6%
gar nicht	◘	8.8%

43
Gab es in den letzten 12 Monaten in Ihrem Leben Ereignisse, die
Sie besonders belastet haben?

Ja, am Arbeitsplatz	◘	5.6%
Ja, in der Familie	◘	15.6%
ja, bzgl. des Gesundheitszustandes	◘	3.0%
Ja, sonstiges	◘	1.8%
Nein	◘	72.7%

Kombination   1.3%

44
Waren Sie in den letzten 12 Monaten öfters seelisch
niedergeschlagen oder hoffnungslos?

◘	sehr stark	1.1%
◘	stark	3.0%
◘	mittel	7.8%
◘	schwach	25.7%
◘	gar nicht	62.4%

45
Standen Sie in den letzten 12 Monaten des öfteren unter grosser
Aufregung bzw. grossem Ärger?

◘	sehr stark	1.2%
◘	stark	8.7%
◘	mittel	17.0%
◘	schwach	34.3%
◘	gar nicht	38.8%

46
Sind Sie tagsüber müde?

◘	sehr oft	1.5%
◘	oft	14.2%
◘	gelegentlich	29.6%
◘	selten	26.8%
◘	nie	27.9%

47
Kommt es vor, daß Sie tagsüber spontan einschlafen, auch wenn Sie
sich eigentlich nicht entspannen wollen?

- sehr oft   0.3%
- oft   6.8%
- gelegentlich   17.8%
- selten   26.1%
- nie   49.0%

48
Fällt es Ihnen schwer, lange konzentriert zu bleiben, z.B. beim
Fernsehen oder beim Lesen?

- sehr oft   1.0%
- oft   16.3%
- gelegentlich   20.2%
- selten   24.4%
- nie   38.0%

49
Kommt es vor, daß Sie abends schlecht einschlafen?

- sehr oft   1.4%
- oft   10.3%
- gelegentlich   17.1%
- selten   26.0%
- nie   45.1%

50
Kommt es vor, daß Sie mitten in der Nacht aufwachen?

- sehr oft   1.6%
- oft   15.2%
- gelegentlich   21.6%
- selten   24.5%
- nie   37.2%

51
Kommt es vor, daß Sie früher als gewöhnlich aufwachen, ohne wieder
einzuschlafen?

- sehr oft   1.1%
- oft   10.7%
- gelegentlich   17.0%
- selten   25.0%
- nie   46.2%

52
Können Sie sich einen Grund für häufig auftretende Schlafstörungen
vorstellen?

Schmerzen, Beschwerden	▫	5.0%
Lärm	▫	2.4%
Sorgen, Aufregungen	▫	13.6%
Arbeitsprobleme	▫	6.4%
weiss nicht, kein Grund	▫	71.2%
Kombination		1.5%

53
Hat Ihr Partner bei Ihnen bzw. haben Sie selbst auffällige
Atemstillstände während des Schlafes bemerkt?

▫ ja	5.0%
▫ nein	73.3%
▫ weiß nicht	21.7%

54
Hat Ihnen jemand mitgeteilt, daß Sie häufiger laut und und
unregelmäßig schnarchen?

▫ ja	66.2%
▫ nein	31.6%
▫ weiß nicht	2.2%

Dürfen wir Sie zum Schluß bitten, Ihren Alltag heute (1988)
mit demjenigen von 1983, also vor 5 Jahren, zu vergleichen?
Bitte nehmen Sie deshalb zu den folgenden Aussagen Stellung.

0 = lehne eher ab 1 = stimme eher zu

55

	1 (ja)
In meinem Alltag gibt es heute mehr Abwechslung und mehr Kontakte ▫	50.4%
Meine engen Bindungen zu anderen Menschen sind unsicherer geworden ▫	19.5%
Ich fühle mich heute öfters allein ▫	14.7%

56

	1 (ja)
Das Leben ist angenehmer geworden, ich kann mehr genießen ▫	77.8%
In meinem Alltag gibt es heute mehr Spannungen und Konflikte ▫	19.7%
Mein Vertrauen in die Zukunft ist größer geworden ▫	66.3%

<u>Fragebogen über Arbeitsbedingungen</u>

Bitte erkundigen Sie sich bei den Abteilungsleitern,
welche der folgenden Arbeitsbedingungen für die Probanden
zutreffen:

57   Wird an seinem Arbeitsplatz Schichtarbeit durchgeführt?

        62.9% (1)   Nein
        13.4% (2)   Ja, aber nur am Tage (morgens oder abends)
        22.0% (3)   Ja, auch nachts
         1.7% (4)   Ja, andere

58   Beschreiben Sie seine körperliche Belastung bei der
        Arbeit?

         8.2% (1)   Schwerarbeit
        30.8% (2)   mittelschwere Arbeit
        25.1% (3)   leichte Arbeit
        32.3% (4)   Büroarbeit
         3.6% (5)   Kombination von körperlicher Arbeit und
                        Büroarbeit

59   Ist der Arbeitsplatz mit hohem Lärm belastet?

         9.5% (1) Ja, es müssen Lärmschutzeinrichtungen getragen
                  werden
        36.1% (2) Ja, aber Lärmschutzeinrichtungen sind nicht
                  nötig
        54.4% (3) Nein

60   Gibt es besondere Erschwernisse an seinem Arbeitsplatz,
        z.B. große Hitze, Staub, Dämpfe, Gase usw.?

        37.4% (1)   Ja
        62.6% (2)   Nein

61   Auf welche Weise wird der Arbeiter entlohnt?

         0.5% (1)   Akkord
         6.5% (2)   nach Arbeitszeit mit Leistungszulage
        15.2% (3)   nach Arbeitszeit ohne Leistungszulage
        77.3% (4)   Lohn/Gehalt
         0.6% (5)   anderes

62   Gab es in den letzten 12 Monaten an der Arbeitsstelle
        Überstunden?

        15.0% (1)   Ja, oft
        20.2% (2)   Ja, normal
        25.0% (3)   Ja, selten
        39.8% (4)   Nein

63   Gab es an seinem Arbeitsplatz in den letzten 12 Monaten
      Kurzarbeit mit Lohneinschränkung?

      96.9% (1)   Nein
       3.1% (2)   Ja

64   Ist an seiner Arbeitsstelle innerhalb der letzten 12
      Monate eine neue, fortschrittlichere Arbeitstechnik
      eingeführt worden?

      94.2% (1)   Nein
       5.8% (2)   Ja

65   Hat sich seine Tätigkeit dadurch geändert?

      85.4% (1)   Nein
       7.4% (2)   Ja, er mußte seinen Arbeitsplatz wechseln
       1.6% (3)   Ja, seine Arbeit ist mehr geworden
       1.3% (4)   Ja, seine Arbeit ist weniger geworden
       0 % (5)   Ja, er wurde deshalb entlassen
       4.4% (6)   Ja, anders

66   Welche höchste Schulausbildung hat der Beschäftigte
      abgeschlossen?

       3.5%   Universität
      16.3%   Fachhochschule
      12.5%   Abitur
      38.4%   mittlere Reife
      22.5%   Grundschule
       5.4%   keine Schule
       1.4%   mittlere Reife und Berufsschule

67   Welche Position hat der Beschäftigte im Betrieb?

       2.3%   Fabrikdirektor
       9.6%   Abteilungsleiter
       9.2%   Gruppenleiter
      61.1%   Facharbeiter
      11.5%   Hilfsarbeiter
       5.6%   Ingenieur
       0.4%   Parteisekretär
       0.3%   Werksarzt

8 Literatur

1. A Coordination Group in China (1985) A pathological survey of atherosclerotic lesions of coronary artery and aorta in China. Pathol Res Pract 180:457–462
2. Arab L, Schellenberg B, Schlierf G (1982) Nutrition and health: A survey of young men and women in Heidelberg. Ann Nutr Metab 26 (Suppl 1):1–244
3. Assmann G (Hrsg) (1982) Lipidstoffwechsel und Atherosklerose. Schattauer, Stuttgart, S 1–246
4. Assmann G, Schettler G (1988) Diagnostik und Therapie der Hyperlipidämien. Ein Strategie-Konzept der Europäischen Atherosklerose-Gesellschaft. Dtsch Ärztebl 85:2209–2212
5. Augustin J, Haberbosch W, Buchholz L et al. (1988) The Eberbach/Wiesloch Study: Lipoprotein profiles of 35- to 49-year-old men and women. Klin Wochenschr 66 (Suppl XI):50–57
6. Berenson GS, Blonde CV, Farris RP et al. (1979) Cardiovascular disease risk factor variables during the first year of life. Am J Dis Child 133:1049–1957
7. Berenson GS, Srinivasan SR, Cresanta JL, Foster TA, Webber LS (1981) Dynamic changes of serum lipoproteins in children during adolescence and sexual maturation. Am J Epidemiol 113:157–170
8. Bernhardt R, Feng Z, Wang Z, Deng Y, Schettler G (1986) Risk factors for atherosclerotic vascular diseases in the people's Republic of China. In: Ventura A, Crepaldi G, Senin U (eds) Extracoronary atherosclerosis. Monogr Atheroscler, Vol 14. Karger, Basel, pp 35–39
9. Bernhardt R, Feng Z, Deng Y et al. (1987) Coronary risk factors in China. A comparative study of middle-aged workers in China and Germany. In: Stehle G, Bernhardt R (eds) Coronary risk factors in Japan and China. Supplement zu den Sitzungsberichten der Mathematisch-naturwissenschaftlichen Klasse, Jahrgang 1987. Springer, Berlin Heidelberg New York Tokyo, pp 22–53
10. Chen HZ, Lin YS, Dai RH et al. (1985) Changes in etiologic types of heart disease in Shanghai during the past 32 years. An analysis of 15696 patients. Chin Med J 98:151–156
11. Chen ZJ, Kou WR, Tao SQ, Wu X, Chen GF, Yu YS (1985) Sudden cardiac death among autopsied cases. Chin Med J 98 (8):565–567
12. Cremer P, Wieland H, Seidel D (1988) Göttinger Risiko-, Inzidenz- und Prävalenzstudie (GRIPS). Aufbau und bisherige Ergebnisse. Münch Med Wochenschr 130:268–274
13. Cremer P, Elster H, Labrot B, Kruse B, Muche R, Seidel D (1988) Incidence rates of fatal and nonfatal myocardial infarction in relation to the lipoprotein profile: First prospective results from the Göttingen Risk, Incidence und Prevalence Study (GRIPS). Klin Wochenschr 66 (Suppl XI):42–49

14. Deutsche Gesellschaft für Ernährung e. V. (Hrsg) (1988) Ernährungsbericht 1988. Heinrich, Frankfurt, S 66

15. Deutsche Gesellschaft für Ernährung e. V. (Hrsg) (1988) Ernährungsbericht 1988. Heinrich, Frankfurt, S 20–21

16. Droste C (1984) Asymptomatische Myokardischämie. In: Roskamm H (Hrsg) Handbuch der Inneren Medizin, Bd IX/3: Koronarerkrankungen. Springer, Berlin Heidelberg New York, S 613–642

17. Eaker ED, Haynes SG, Feinleib M (1983) Spouse behavior and coronary heart disease in men: Prospective results from the Framingham Heart Study. II. Modification of risks in type A husbands according to the social and psychological status of their wives. Am J Epidemiol 118:23–41

18. European Atherosclerosis Society (Study Group) (1987) Strategies for the prevention of coronary heart disease: A policy statement of the European Atherosclerosis Society. Eur Heart J 8:77–88

19. Feinleib M (ed) (1982) Workshop on cholesterol and noncardiovascular mortality. Prev Med 11:360–367

20. Friedewald WF, Levy RI, Frederickson DS (1972) Estimation of LDL-cholesterol concentration without use of the preparative ultracentrifuge. Clin Chem 18:499

21. Gmelin K, Theilmann L, Bernhardt R, Deinhardt F, Roggendorf M, Hao LJ (1986) Antibodies of hepatitis delta virus cannot be detected in carriers of hepatitis B surface antigen in Wuhan area (PR of China). J Tongji Med Univ 6:198

22. Gordon T, Castelli WP, Hjortland MC, Kannel WB, Dawber RT (1977) High density lipoprotein as a protective factor against coronary heart disease. The Framingham Study. Am J Med 62:707–714

23. Greten H, Wagner M, Schettler G (1974) Frühdiagnose und Häufigkeit der familiären Hyperlipoproteinämie Typ II. Dtsch Med Wochenschr 99:2553–2557

24. Grundy SM (1986) Cholesterol and coronary heart disease. JAMA 256:2849–2858

25. Haust MD (1988) The fate of early atherosclerotic lesions of childhood. In: Mörl H, Diehm C, Heusel G (Hrsg) 45 Jahre Herzinfarkt- und Fettstoffwechselforschung. Springer, Berlin Heidelberg New York Tokyo, pp 69–76

26. Haynes SG, Feinleib M, Kannel WB (1980) The relationship of psychosocial factors to coronary heart disease in the Framingham Study. III. Eight-Year incidence of coronary heart disease. Am J Epidemiol 111:37–58

27. Haynes SG, Eaker ED, Feinleib M (1983) Spouse behavior and coronary heart disease in men: Prospective results from the Framingham Heart Study. I. Concordance of risk factors and the relationship of psychosocial factors' status to coronary incidence. Am J Epidemiol 118:1–22

28. Jenkins CD (1976) Recent evidence supporting psychologic and social risk factors for coronary disease. N Engl J Med 294:994 and 1033–1038

29. Kannel WB, Schatzkin A (1983) Risk factors analysis. Progr Cardiovasc Dis 26:309–332

30. Kannel WB, Eaker ED (1986) Psychosocial and other features of coronary heart disease: Insights from the Framingham Study. Am Heart J 112:1066–1073

31. Kaplan JR, Manuck SB, Clarkson TB (1985) Psychosocial stress and atherosclerosis in Cynomolgus macaques. In: Beamish RE, Singal PK, Dhalla NS (eds) Stress and heart disease. Nijhoff, Boston, pp 262–276

32. Kesteloot H, Huan DX, Yang XS, Claes J, Rosseneu M, Geboers J, Joosens JV (1985) Serum lipids in the People's Republic of China. Comparison of western and eastern polulation. Atherioslerosis 5:427–433

33. Kunze D (1983) Reference values and tracking of blood lipid levels in childhood. Prev Med 12:806–809

34. Li JY, Liu BQ, Li GY, Chen ZJ, Sun XD, Rong SD (1981) Atlas of cancer mortality in the People's Republic of China. An aid for cancer control and research. Int J Epidemiol 10:127–133

35. Lindquist B (1989) Ernährung und Blutfett im Kindesalter im Hinblick auf die Verhütung der Atherosklerose. Kinderarzt 7:977–980

36. Lipid Research Clinics Program (1984) The lipid research clinics coronary primary prevention trial results. I Reduction in incidence of coronary heart disease. JAMA 251:351–364

37. Mannes GA, Maier A, Thieme C, Wiebecke E, Paumgartner G (1986) Relation between the frequency of colorectal adenoma and the serum cholesterol level. N Engl J Med 315:1634–1638

38. Osler W (1892) Lectures on angina pectoris and allied states. Appleton, New York

39. Roberts L (1988) Diet and health in China. Science 240:27

40. Rose G, Shipley MJ (1980) Plasma lipids and mortality: A source of error. Lancet I:523–526

41. Rose GA, Blackburn H, Gillum RF, Prineas RJ (eds) (1982) Cardiovascular survey methods, 2nd edn. World Health Organisation, Monograph Series No. 56

42. Rosenman RH (eds) (1983) Psychosomatic risk factors and coronary heart disease. Huber, Bern

43. SAS Institute (1985) SAS User's guide: Statistics, version 5 edition. SAS Institute, Inc., Cary NC, pp 1–956

44. Schettler G, Kohlmeier M (1983) Hyperlipidemia as a risk factor in early life. Prev Med 12:803–805

45. Schettler G (1980) Pathophysiologie, Klinik and prognostische Bedeutung der Hyperlipoproteinämien. Dtsch Ärztebl 77:661–668

46. Schettler G, Bernhardt R (1989) Cardiovascular diseases and plasma lipids in developing countries: The concept of primordial prevention. Lipid Rev 3 (6):41–46

47. Schwartzkopff W, Yu SB, Pottins I, Du DJ, Han ZC (1989) Herinfarkt-Risikofaktoren in China. MMW 131 (Nr. 27) 523–527

48. Schwartzkopff W, Yu SB, Han ZC, Pottins I, Du DJ (1989) Normalwerte für die Lipide und Apoproteine (AI, AII, B, C_2, C_3, E) bei gesunden chinesischen Arbeitern − unter Berücksichtigung der täglichen Kalorienzufuhr an Fett, Eiweiß und Kohlenhydraten. Med Welt 40:859–865

49. Seidel D, Cremer P, Elster H, Weise M, Wieland H (1984) Influence of smoking on the plasma lipoprotein profile. Klin Wochenschr (Suppl II) 62:18–27

50. Seidel D, Cremer P (1986) Guidelines for the clinical evaluation of lipoprotein profiles. A first report from the Göttingen Risk, Incidence and Prevalence Study. In: Gotto AM, Paoletti R (eds) Atherosclerosis reviews, Vol 14, Raven Press, New York, pp 61–90

51. Siedel J, Schlumberger H, Klose S, Ziegenhorn J, Wahlefeld AW (1981) Improved reagent for the enzymatic determination of serum cholesterol. J Clin Chem Clin Biochem 19:838

52. Siegrist J (1988) Models of health behaviour. Eur Heart J 9:709–714

53. Siegrist J, Matschinger H, Cremer P, Seidel D (1988) Atherogenic risk in men suffering from occupational stress. Atherosclerosis 69:211–218

54. Sirtori CR, Agradi E, Conti F, Mantero O, Gatti E (1977) Soybean-protein diet in the treatment of type-II hyperlipoproteinaemia. Lancet I:275−277

55. Snapper I (1941) Chinese lessons to western medicine. Interscience Publ, New York, pp 1−371

56. State Statistical Bureau, PRC (1983) Statistical Yearbook of China 1981. Economic Information & Agency, Hong Kong

57. Statistisches Bundesamt Wiesbaden (1984) Statistisches Jahrbuch 1983 für die Bundesrepublik Deutschland. Kohlhammer, Stuttgart

58. Statistisches Bundesamt Wiesbaden (1988) Todesursachen 1987. Fachserie Gesundheitswesen (Nr. 12). Kohlhammer, Stuttgart, S 1−85

59. Strong JP, McGill HC (1969) The pediatric aspects of atherosclerosis. J Atheroscler Res 9:251−265

60. Tornberg SA, Holn L-E, Carstensen JM, Eklund JA (1986) Risks of cancer of the colon and rectum in relation to serum cholesterol and beta-lipoprotein. N Engl J Med 315:1629−1633

61. Uemura K, Pisa Z (1985) Recent trends in cardiovascular mortality in 27 industrialized countries. World Health Stat Quart 38:142−162

62. Wiedebach-Nostitz B (1988) Aktuelle Diskussion: Cholesterin − wann behandeln? Ärztl Prax 76:2292

63. Wieland H, Seidel D (1978) Fortschritte in der Analytik des Lipoproteinmusters. Inn Med 5:290

64. Wieland H, Seidel D (1983) A simple and specific technique for precipitation of low density lipoproteins. J Lip Res 24:904−909

65. Williams RR, Sorlie PD, Feinleib M, McNamara PM, Kannel WB, Dawber TR (1981) Cancer incidence by levels of cholesterol. JAMA 245:247−252

66. Wu ZS, Hong ZG, Yao CH et al. (1987) Sino-Monica-Beijing Study: Report of the results between 1983−1985 (1987). Chin Med J 100:611−620

67. Zhuang HZ, Han QQ, Chen HZ (1986) Study of serum lipids and lipoproteins of healthy subjects in Shanghai. Chin Med J 99:657−659